大事なとこ

ポケット版

原付免許 試験問題集

学科試験問題研究所〈著〉

永岡書店

最新学科試験の傾向と対策

学科試験の合格ラインは45点。試験内容は交通ルールの基本問題が中心ですが、間違いを誘発するひっかけ問題や難問も出題されます。一発合格を目指すためには、本番前に問題に慣れておき、些細なミスを防ぐことが大切です。

＜学科試験の傾向について＞

免許の学科試験は、国家公安委員会が作成した「交通の方法に関する教則」から、文章問題とイラスト問題を48問（イラスト問題は１問につき３問ずつあるので52問になる）出題されます。

文章問題では、ドライバーとして知っておくべき道路交通法、安全に運転するための知識が問われます。道路交通法には特有の表現があるので、問題文を最後までしっかり読んでから解くようにしましょう。また、試験問題は各都道府県によって異なるため、一部の問題ではその地域の交通事情を反映した問題が出題されることも覚えておくとよいでしょう。

イラスト問題では、危険を予測した運転に関する内容が出題されます。実際の運転現場のイラストを見て、その中にどのような危険がひそんでいるかを見出し、いかに運転すれば安全かを考え、解答します。

学科試験の制限時間は30分で、45点以上が合格となります。本番までにより多くの問題を解いて、重要問題や引っかけ問題などの傾向をつかみ、試験慣れしておくことが一発合格の一番の近道といえるでしょう。

一発合格のためのポイント

●まぎらわしい法令用語の意味の違いを理解する

「駐車《ちゅうしゃ》」「停車《ていしゃ》」「追抜《おいぬ》き」「追越《おいこ》し」など、似ていて定義の異なる法令用語には要注意。これらの言葉が出てきたら、意識してその違いを理解しておこう。

●「以上」「以下」「超える」「未満」の違いを押さえる

数字問題でよくひっかかるのが「以上」と「以下」、「超える」と「未満」のついたまぎらわしい言葉づかいの問題。「以上」「以下」はその数値を含み、「超える」「未満」は含まないと覚えておこう。

●あわてず、文章をじっくり読む

文章問題の中には、まぎらわしい文章表現が出てくる。たとえば、「～かもしれないので」「～のおそれがあるので」などは、その意図を誤って解釈すると反対の答えになることがある。文章は最後までしっかり読もう。

●「駐停車禁止場所」「最高速度」「積載《せきさい》制限」など、数字は正しく覚える

試験には数字に関する問題が出題されることが多い。よく出てくる「1」「5」「10」「30」などの数字にまつわる交通規則は、確実に押さえておこう。

●問題文に「必ず」「すべての」などの強調があるときは要注意

文中で限定した言い回しに出合ったら、ほかにあてはまるケースがないか、例外はないかを必ず確認しよう。

●色・形・意味が似ている標識や標示は、違いを考えてセットで覚える

標識や標示には、色や形、意味が似ているものがある。あいまいに覚えておくと間違いやすいので、似たものどうしをセットにして、その違いを覚えてしまおう。

●イラスト問題では、あらゆる危険を予測する

「きっとこうなるだろう」という思い込みは要注意。他者（車）、周囲の動きに気を配り、見えないところにも細心の注意をはらおう。

CONTENTS

PART 3 ミスを防ぐひっかけ問題

PART 4 危険予測イラスト問題

PART 1
交通ルールをおさらいチェック

1-1 車の種類

「車など」「車（車両）」「自動車」の区分を覚えよう

車など

「車（車両）など」には自動車、原動機付自転車、軽車両に路面電車が含まれる。

路面電車

車（車両）

自動車

大型自動車

大型自動車は定員30人以上、車両総重量11,000kg以上、最大積載量6,500kg以上。

中型自動車

中型自動車は定員11人以上29人以下、車両総重量7,500kg以上11,000kg未満、最大積載量4,500kg以上6,500kg未満。

準中型自動車

準中型自動車は定員10人以下、車両総重量3,500kg以上7,500kg未満、最大積載量2,000kg以上4,500kg未満。

普通自動車

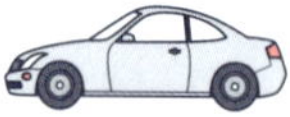

普通自動車は三輪か四輪で定員10人以下、車両総重量3,500kg未満、最大積載量2,000kg未満。

大型自動二輪車

大型自動二輪車は総排気量400ccを超える二輪車（側車付のものを含む）。

普通自動二輪車

普通自動二輪車は総排気量50ccを超え400cc以下の二輪車。

大型特殊自動車

大型特殊自動車は、カタピラ式や装輪式など特殊構造をもち、建設現場などの特殊な作業に使用する自動車のうち小型特殊自動車以外の最高速度が35km/h以上のもの。

小型特殊自動車

小型特殊自動車は、長さ4.7m以下、幅1.7m以下、高さ2.0m以下（ヘッドガード等含め高さは2.8m以下）、最高速度15km/h以下（ただし、農耕作業車は35km/h未満）の特殊構造をもつもの。

車だが自動車ではない

原動機付自転車※

原動機付自転車は総排気量50cc以下か定格出力600ワット以下の原動機を持つミニカー以外の二輪か三輪の車。

軽車両

・自転車　・リヤカー
・牛馬車　・そり
など。

※特定小型原動機付自転車は電動キックボード等のことで、運転免許不要等のルールがある。

1-2 乗車と積載《せきさい》

四輪車や二輪車の積載方法を覚えよう

積載の制限

◆普通・準中型・中型・大型自動車

自動車の幅×1.2m以下

自動車の長さ×1.2m以下

◆自動二輪車・原動機付自転車

積載装置の長さ+0.3m以下

積載装置の幅+左右0.15m以下

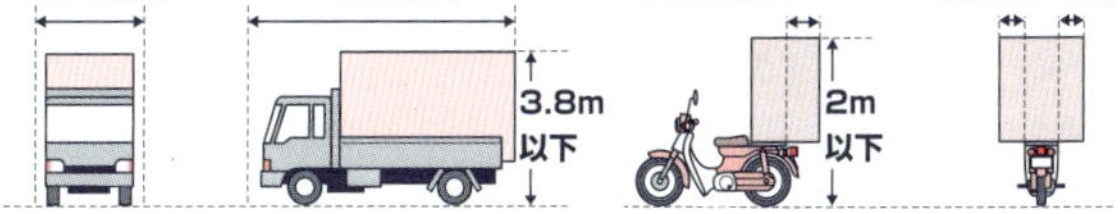

ただし自動車は車体の前後・左右0.1倍まで

＊三輪車と総排気量660cc以下の普通自動車の高さ制限は地上2.5m以下

乗車定員

◆普通・準中型・中型・大型自動車

車検証に記載されている乗車定員
(ミニカーは1人)

＊12歳未満のこどもは、3人で大人2人として考える

◆自動二輪車・原動機付自転車

運転者以外の座席のあるものは2人
(ただし、原動機付自転車は1人)

最大積載量

◆普通・準中型・中型・大型自動車→**車検証に記載**

◆小型特殊自動車→**700kg**

◆自動二輪車→**60kg**

◆原動機付自転車→**30kg**

ロープでけん引するときは

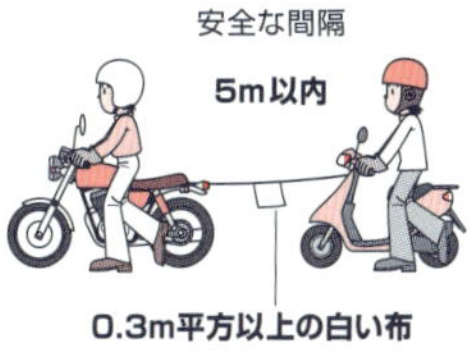

けん引する台数の制限

大型車、中型車、準中型車、普通車、
大型特殊車→2台
大型・普通二輪、原付→1台

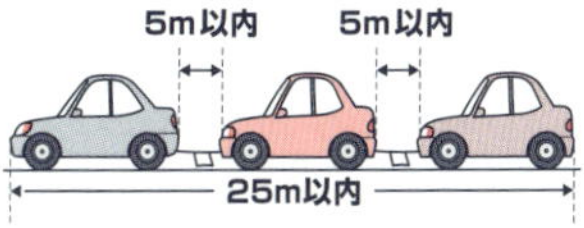

1-3 信号と手信号

信号の意味や手信号・灯火信号の意味を覚えよう

■**青色の灯火**… 車など（軽車両を除く）は、直進、左折、右折（二段階右折の原動機付自転車は右折のための直進のみ）することができる。

■**黄色の灯火**… 車などは停止位置から先に進んではならない。しかし、すでに停止位置に近づいていて安全に停止できないときは、そのまま進むことができる。

■**赤色の灯火**… 車などは停止位置を越えて進んではならない。しかし、すでに交差点で右左折している車は、そのまま進むことができる（二段階右折の原付と軽車両は除く）。

■**青色の灯火の矢印**

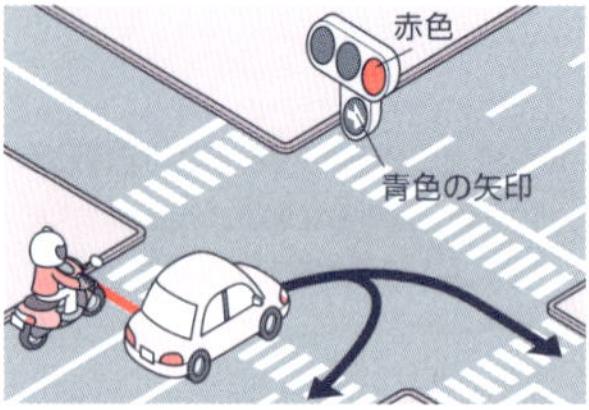

車は矢印の方向へ進める。右折の矢印の場合、右折に加えて、転回することができる。ただし、二段階右折の原付や軽車両は進むことができない。

※道路標識等で転回が禁止されている交差点や区間では、転回できない。

■**黄色の灯火の矢印**

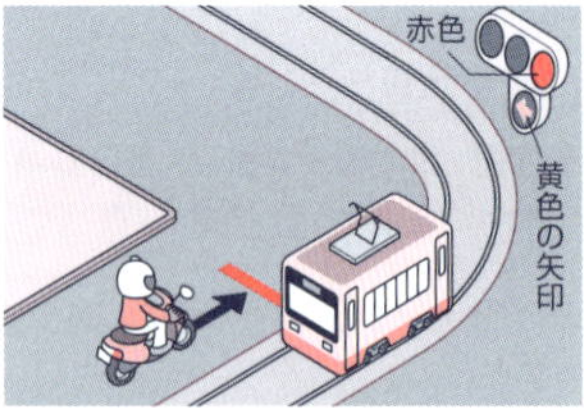

路面電車の信号で、路面電車は矢印の方向へ進めるが、車は進行できない。

■**黄色の灯火の点滅**

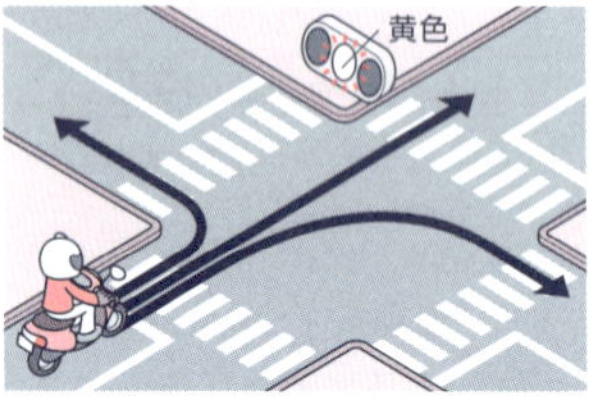

車などは他の交通に注意しながら進むことができる。一時停止や徐行の義務はない。

■**赤色の灯火の点滅**

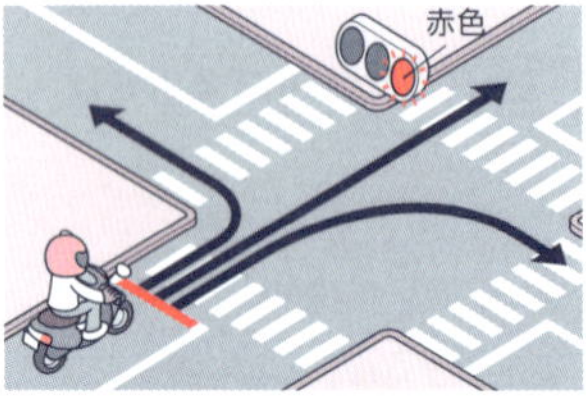

車などは停止位置で一時停止し、安全を確認してから進むことができる。

警察官、交通巡視員による信号

■腕を水平に上げているとき

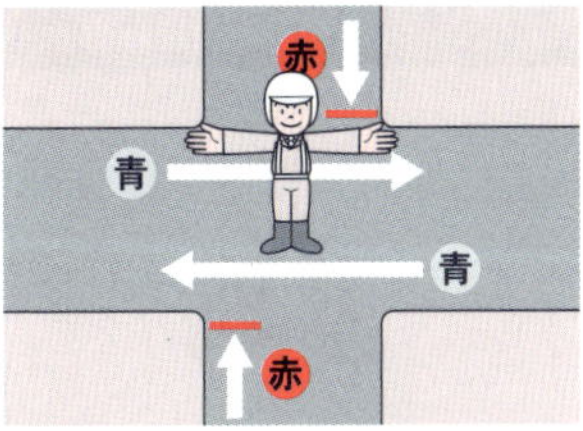

身体に平行する交通は青信号と同じ。
身体に対面する交通は赤信号と同じ。
(腕を下ろしているときも同じ)

■腕を垂直《すいちょく》に上げているとき

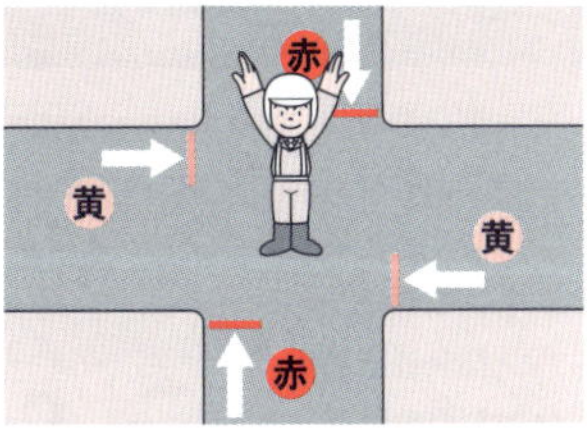

身体に平行する交通は黄信号と同じ。
身体に対面する交通は赤信号と同じ。

■灯火を横に振っているとき

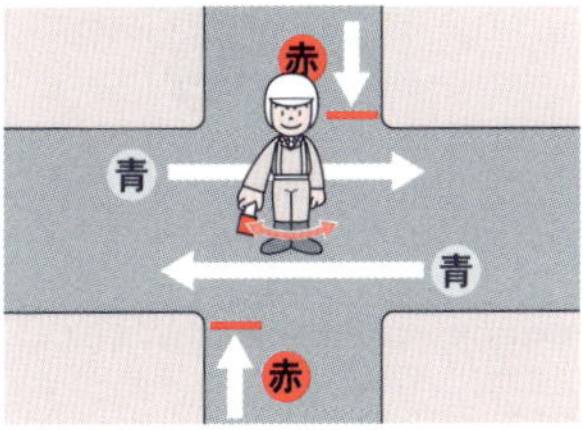

身体に平行する交通は青信号と同じ。
身体に対面する交通は赤信号と同じ。

■灯火を頭上に上げているとき

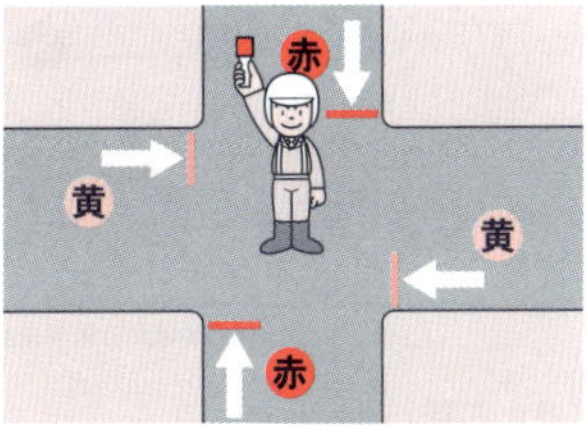

身体に平行する交通は黄信号と同じ。
身体に対面する交通は赤信号と同じ。

信号機の信号と手信号が違う場合は、手信号に従う

信号機と警察官や交通巡視員の手信号や灯火による信号とが違う場合は、警察官などの手信号や灯火による信号に従って通行する。

1-4 安全な速度

一般道路の最高速度を覚えよう

法定速度

【一般道路の最高速度】

自動車		原動機付自転車	
①大型自動車 ②中型自動車 ③準中型自動車 ④普通自動車 ⑤大型特殊自動車 ⑥けん引自動車 ⑦自動二輪車  	60 km/h		30 km/h

＊標識や標示で最高速度が規制されているときはその速度以内で走行する。

〈停止距離とは〉

空走距離 ＋ 制動距離 ＝ 停止距離

危険を感じてからブレーキをかけ、ききはじめるまでに走る距離

ブレーキがききはじめてから完全に停止するまでに走る距離

危険を感じてからブレーキをかけ、完全に停止するまでに走る距離

1-5 徐行《じょこう》について

徐行しなければならない場所・徐行しなければならないときを覚えよう

徐行しなければならない場所

■徐行の標識があるところ

■左右の見通しがきかない交差点
（交通整理が行われている場合や優先道路を除く）

■道路の曲がり角付近

■上り坂の頂上付近やこう配の急な下り坂

徐行しなければならないとき

- ■許可を受けて歩行者用道路を通行するとき
- ■歩行者のそばを通るのに安全な間隔（1～1.5メートル）がとれないとき
- ■道路外に出るために右左折するとき
- ■安全地帯のある停留所に路面電車が停止しているとき
- ■乗降客のいない停止中の路面電車との間隔が1.5メートル以上のとき
- ■交差点を右左折するとき
- ■優先道路や幅の広い道路に入るとき
- ■ぬかるみや水たまりの場所を通るとき
- ■身体の不自由な人、通行に支障のある高齢者、こどもが通行しているとき
- ■歩行者のいる安全地帯の側方を通過するとき
- ■乗降のため停車中の通学通園バスのそばを通るとき

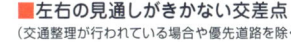

1-6 追越《おいこ》し・追抜《おいぬ》き

追越しと追抜きの違い・二重追越しとなる場合を覚えよう

追越しと追抜きの違い

■**追越し**… 進路を変えて進行中の車の前方に出ること。

■**追抜き**… 進路を変えないで進行中の車の前方に出ること。

追越しが禁止されている場合

①前の車がその前の自動車を追い越そうとしているとき（二重追越し）

②前の車が右折などのため右側に進路を変えようとしているとき

③道路の右側部分にはみ出して追い越すと対向車の進行の妨げになるとき

④後ろの車が自分の車を追い越そうとしているとき

追越し・追抜きが禁止されている場所

①追越し禁止の標識がある場所

②道路の曲がり角付近

③上り坂の頂上付近やこう配の急な下り坂

④車両通行帯のないトンネル

⑤交差点とその手前から30m以内の場所（優先道路を通行中は追い越しできる）

⑥踏切と横断歩道、自転車横断帯とその手前から30m以内の場所

1-7 駐車《ちゅうしゃ》と停車《ていしゃ》

駐停車禁止と駐車禁止の場所と数字を覚えよう

駐車とは

車が継続的に停止すること。運転者が車から離れていてすぐに運転できない状態。

停車とは

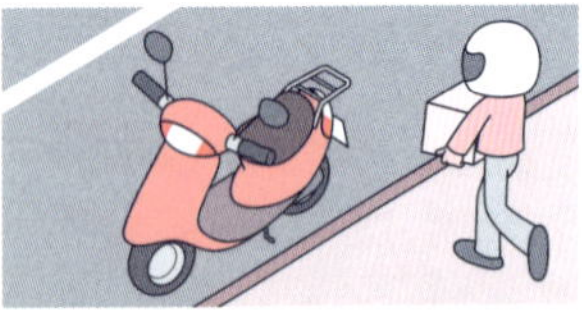

駐車にあたらない短時間の車の停止。人の乗り降りや５分以内の荷物の積卸しなど。

駐停車禁止の場所

①標識や標示のある場所
②軌道敷内
③坂の頂上付近やこう配の急な坂
④トンネル内

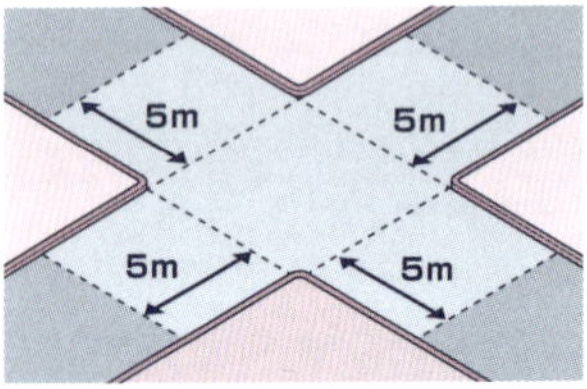

⑤交差点とその端から５m以内の場所

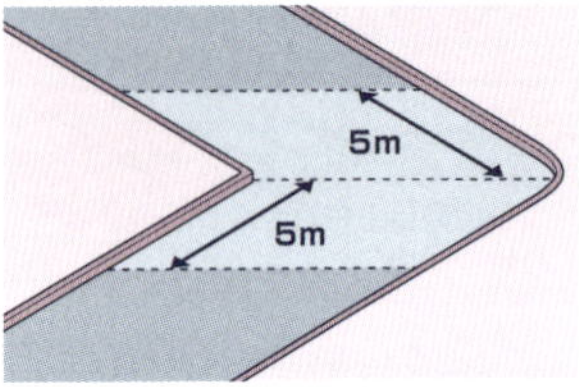

⑥道路の曲がり角から５m以内の場所

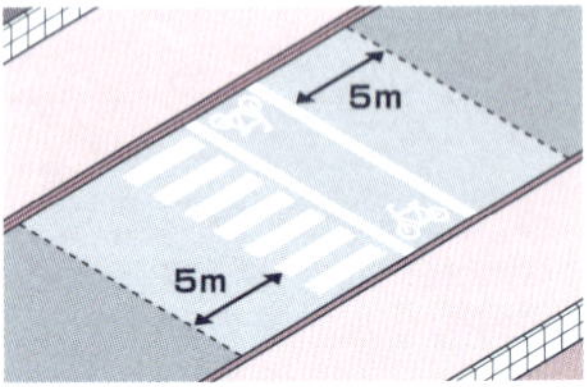

⑦横断歩道、自転車横断帯とその端から前後に５m以内の場所

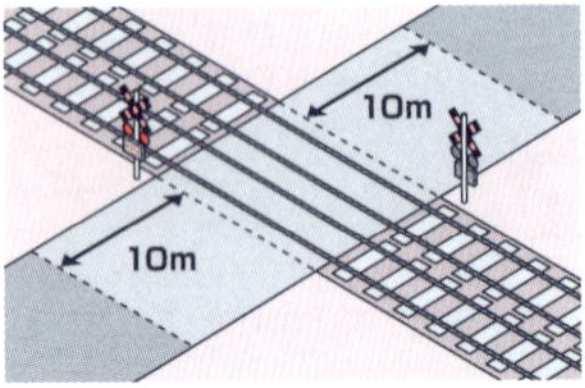

⑧踏切とその端から前後10m以内の場所

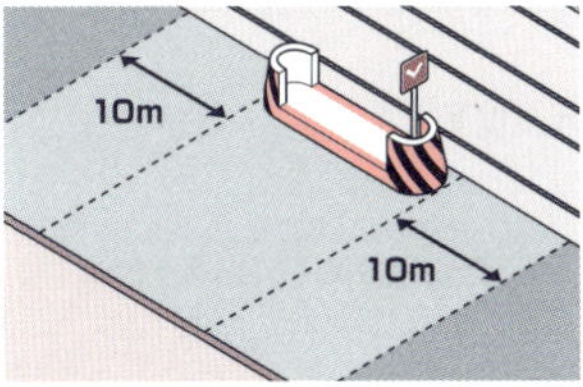

⑨安全地帯の左側とその前後10m以内の場所

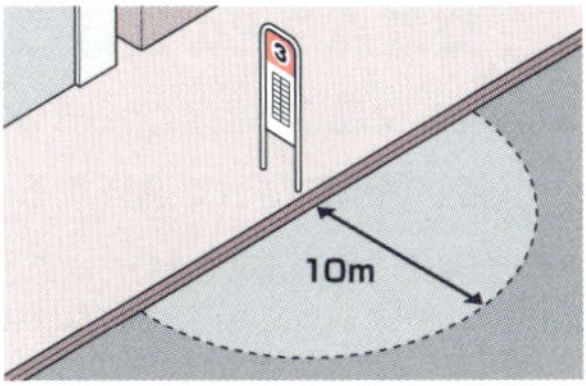

⑩バス、路面電車の停留所の標示板（柱）から10m以内の場所（運行時間中に限る）

駐車禁止の場所

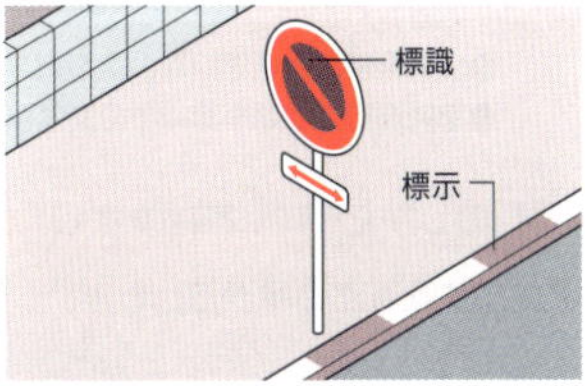

①標識や標示のある場所

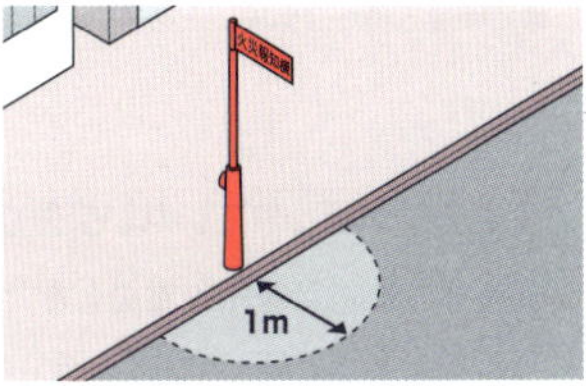

②火災報知機から１m以内の場所

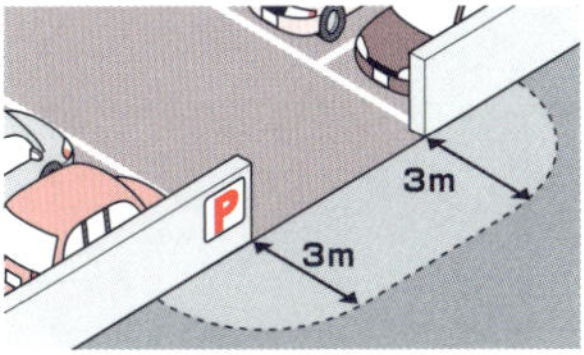

③駐車場、車庫などの自動車専用の出入口から３m以内の場所

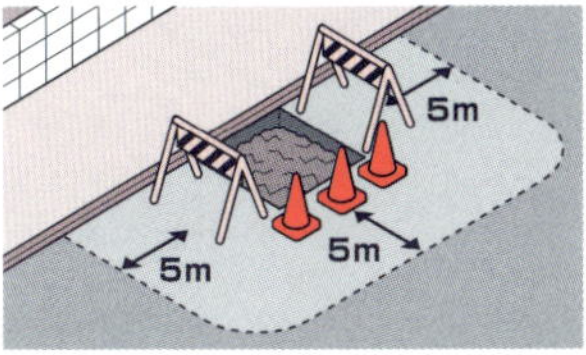

④道路工事の区域の端から５m以内の場所

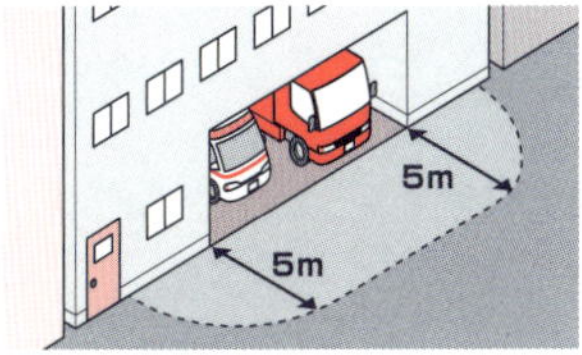

⑤消防用機械器具の置場、消防用防火水そう、これらの道路に接する出入口から５m以内の場所

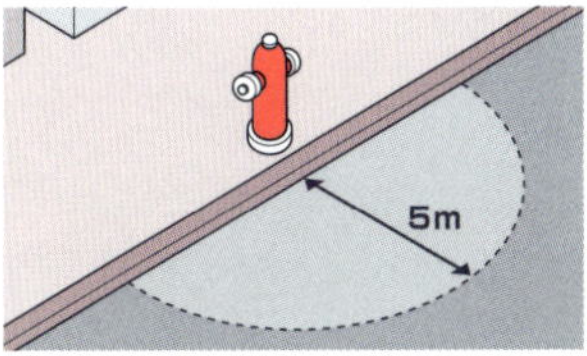

⑥消火栓、指定消防水利の標識が設けられている位置や消防用防火水そうの取り入れ口から５m以内の場所

1-8 交差点などの通行

信号のない交差点を通行するときの優先順位を覚えよう

標識や標示に従って通行する

車両通行帯がある交差点で進行方向ごとに通行区分が指定されているときは、指定された区分に従って通行しなければならない。

原動機付自転車の二段階右折の方法（環状交差点を除く）

■二段階右折しなければならない場合

- 「右折方法（二段階）」の標識のある交差点
- 車両通行帯が３車線以上ある交差点

■二段階右折しない場合

- 「右折方法（小回り）」の標識のある交差点
- 交通整理のされていない交差点
- 車両通行帯が２車線以下の交差点

交通整理が行われていない交差点の通行のしかた（環状交差点を除く）

■交差する道路が優先道路のとき

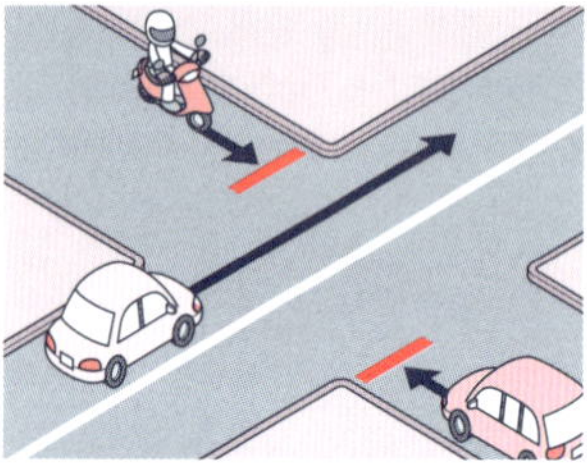

優先道路を走行する車が優先する。

■交差する道路の幅が広いとき

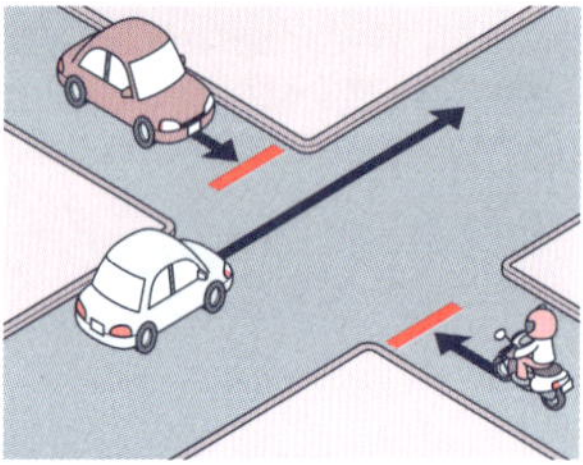

幅の広い道路を走行する車が優先する。

■交差する道路の幅が同じようなとき

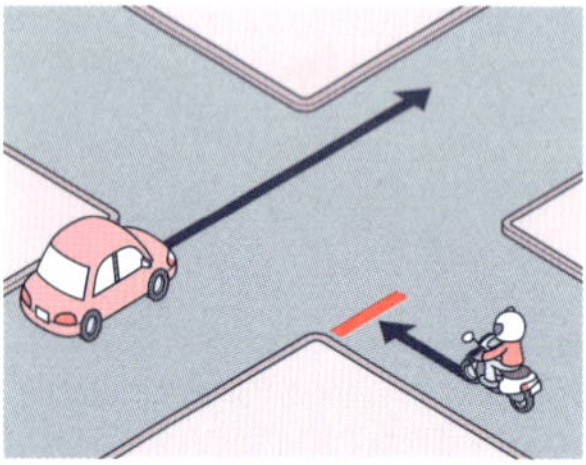

左方向から来る車が優先する。

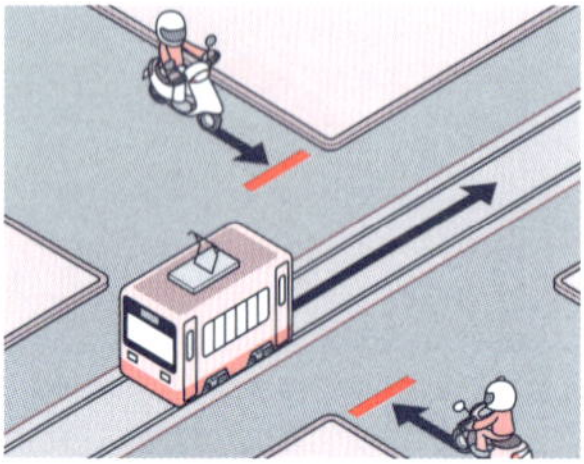

路面電車が優先する。

環状交《かんじょうこう》差《さ》点《てん》の通行《つうこう》のしかた

環状交差点とは、車両の通行部分が環状（ドーナツ状）の形になっていて、道路標識などにより車両が右回りに通行することが指定されている交差点をいいます。

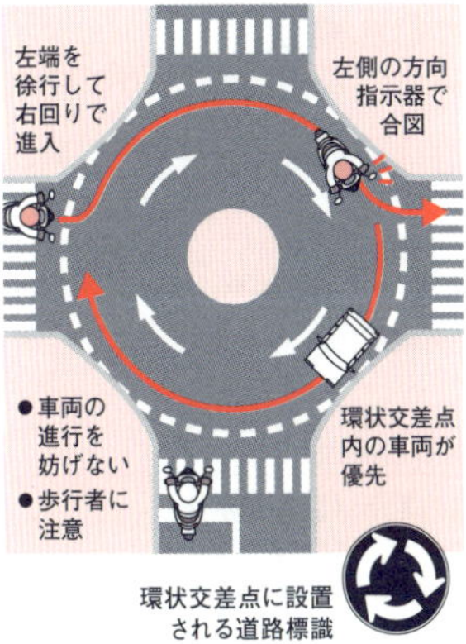

■環状交差点内は、右回りに左端を徐行する

環状交差点内は、右回り（時計回り）に通行し、できるだけ交差点の左側端に沿って徐行する。

■必ず左折で進入し、出るときも必ず左折する

環状交差点に入るときは、あらかじめ道路の左端に寄り、徐行して進入する（方向指示器で合図する必要はない）。環状交差点から出るときは、出ようとする地点の直前の出口を通過した直後に左側の方向指示器を操作し、交差点を出るまで合図を継続する。

■横断歩行者に注意する

環状交差点に入るとき、出るときは、道路を横断する歩行者に注意する。また、横断歩行者の進行を妨げてはならない。

■環状交差点内の車両が優先

環状交差点内を通行している車両が優先のため、その通行を妨げてはいけない。したがって、交差点内を通行中の車両に注意し、出来る限り安全な速度と方法で進行する。

1-9 踏切の通行

①踏切の手前で必ず一時停止し、自分の目と耳で左右の安全を確認する。

②エンスト防止のため、発進したときの低速ギアのまま一気に通過する。

③落輪防止のため、歩行者や対向車に注意し、やや中央寄りを通過する。

※信号機のある踏切で場合は、安全確認をすれば信号機に従って通過できる。
※踏切の向こう側が渋滞しているときは、踏切に進入しない。
※警報機が鳴っているとき、しゃ断機が下り始めたときは、踏切に入ってはいけない。

1-10 迷いやすい数字

駐停車禁止・駐車禁止・積載制限などの数字は覚える

駐車禁止場所

■火災報知機から**1メートル以内**の場所は**駐車禁止**

■駐車場、車庫などの自動車専用の出入口から**3メートル以内**の場所は**駐車禁止**

■道路工事の区域の端から**5メートル以内**の場所は**駐車禁止**

■消防用機械器具の置場、消防用防火水そう、これらの道路に接する出入口から**5メートル以内**の場所は**駐車禁止**

■消火栓、指定消防水利の標識がある位置や、消防用防火水そうの取り入れ口から**5メートル以内**の場所は**駐車禁止**

駐停車禁止の場所と時間

■交差点とその端から**5メートル以内**の場所は**駐停車禁止**

■道路の曲がり角から**5メートル以内**の場所は**駐停車禁止**

■横断歩道や自転車横断帯とその端から**前後に5メートル以内**の場所は**駐停車禁止**

■**5分を超える**荷物の積卸《つみおろ》しは**駐車**、**5分以内**なら**停車**

■踏切とその端から**前後10メートル以内**の場所は**駐停車禁止**

■安全地帯の左側と**その前後10メートル以内**の場所は**駐停車禁止**

■バス、路面電車の停留所の標示板（柱）から**10メートル以内**の場所は**駐停車禁止**（運行時間中のみ）

路側帯での駐停車

■一本線の路側帯のある道路では、路側帯の幅が**0.75メートル以下**なら車道の左端に沿う

■一本線の路側帯のある道路では、路側帯の幅が**0.75メートルを超える**場合は、路側帯の中に入って車の左側に**0.75メートル以上**の余地をあける

一般道路での法定速度

■普通自動車の**最高速度**は**60キロメートル毎時**

■原動機付自転車の**最高速度**は**30キロメートル毎時**

■リヤカーのけん引時は**25キロメートル毎時**

試験には、さまざまな数字に関する問題が出題される。ひとつひとつを覚えるのは大変なので、テーマごとに関連づけて整理しよう。なかでも、「1」「3(30)」「5」「10」など、よく出てくる数字は確実に押さえておこう。

徐行

■ブレーキを操作してから停止するまでの距離が**約1メートル以内**なら**「徐行《じょこう》」**（一般に10キロメートル毎時以下）

合図を出すとき・場所

■**進路変更**の合図は進路を変えようとするときの**約3秒前**に行う

■**右左折や転回**の合図は右左折や転回をしようとする地点から**30メートル手前**で行う（ただし、環状交差点では出ようとする地点の直前の出口を通過したときに行う）

積載制限

■普通自動車の積載《せきさい》制限は、**地上からの高さ3.8メートル以下、自動車の長さ×1.2メートル以下、自動車の幅×1.2メートル以下**（ただし、三輪と軽自動車の高さは2.5メートル以下）

■原動機付自転車の**最大積載量**は**30キログラム**（リヤカーのけん引時にはリヤカーに120キログラムまで積める）

■原動機付自転車の積載制限は、**地上からの高さ2メートル以下、積載装置の長さ＋0.3メートル以下、積載装置の幅＋左右それぞれ0.15メートル以下**

衝撃力・遠心力・制動距離

■衝撃力《しょうげきりょく》と遠心力・制動《せいどう》距離はおおむね速度の**2乗**に**比例**

歩行者などの保護

■歩行者や自転車のそばを通るときは**安全な間隔（1～1.5メートル）**をあける

追越し・追抜き禁止の場所

■交差点とその手前から**30メートル以内**の場所は**追越し・追抜き禁止**（優先道路を通行している場合を除く）

■踏切とその手前から**30メートル以内**の場所は**追越し・追抜き禁止**

■横断歩道や自転車横断帯とその手前から**30メートル以内**の場所は**追越し・追抜き禁止**

1-11 まぎらわしい言葉づかい

「以下」「以上」「未満」「超える」などの言葉には注意

問題文中にこれらの言葉が出たら注意!!

問題文の中には、まどわす言葉が含まれていることが多いので、まとめてチェックしておこう

言葉づかい①	傾向と対策
「かもしれないので」 「おそれがあるので」 「スピードを落とした」 「一時停止して」 「徐行して」	これらの表現は安全運転に思われるが、どのような意図で使われているか、必ずチェックする。 危険予測イラスト問題や、減速・徐行・停止にかかわる問題でよく使われる。

例題 問１：安全地帯のそばを通行するときは、歩行者がいてもいなくても**徐行しなければならない。**

言葉づかい②	傾向と対策
「必ず」 「絶対」 「すべて」	限定した言い回しは、ほかに当てはまるケースはないか、例外はないかを確認することが必要。

例題 問２：こう配の急な坂道では、上りも下りも**必ず**徐行しなければならない。

問３：警笛《けいてき》区間《くかん》内の交差点では、見通しのよし悪しにかかわらず**絶対**に警音器を鳴らさなければならない。

問４：高速自動車国道の本線車道における普通自動車の最高速度は、**すべて** 100 キロメートル毎時である。

言葉づかい③	傾向と対策
「大丈夫だと思うので」 「そのままの速度で」	勝手に安全だと思い込んで判断するのは、間違いの答えであることが多い。

例題 問５：駐車場《ちゅうしゃじょう》に入るために歩道を横切るとき、人がいなくて**大丈夫だと思ったのでそのままの速度で**通過した。

言葉づかい④	傾向と対策
「急に」 「一気に」 「すばやく」 「急いで」 「加速して」 「急ブレーキをかけて」	いずれも、危険を避けるためやむを得ない場合以外は、好ましくない行動に関係した表現として使われることが多い。 ●**「急に」「急いで」** →危険やあせりを感じさせる。 ●**「一気に」** →勢いをつけるものは好ましくないことが多い（踏切を除く）。 ●**「速やか」**は好ましい場合に使われることが多い。

言葉づかい⑤	傾向と対策
「以下」 「未満」 「以上」 「超える」	問題の数値が含まれるか含まれないかを問う場合によく使われる。 ●**「以下」「以上」** →その数値を含む。 ●**「未満」「超える」** →その数値を含まない。

例題の答え

問1：× 明らかに歩行者がいないときは、徐行する必要はない。
問2：× 徐行しなければならないのは、こう配の急な下り坂だけ。
問3：× 警笛区間内の交差点では、見通しの悪いときだけ警音器を鳴らす。
問4：× 普通自動車のうち、三輪のものは80キロメートル毎時。
問5：× 大丈夫だと思い込むのは間違い。歩道を横切るときは必ず一時停止が必要。

1-12 まぎらわしい標識

似たような標識・補助標識により異なる標識に注意

必ず出題される標識問題。まぎらわしいものを覚えておこう

通行止め

歩行者、車、路面電車、すべての通行禁止

↕

車両通行止め

車（自動車、原動機付自転車、軽車両）は通行できない

駐停車禁止

車は駐停車をしてはいけない。数字は駐停車禁止の時間

↕

駐車禁止

車は駐車をしてはいけない。数字は駐車禁止の時間

追越し禁止

車は追越しをしてはいけない

↕

追越しのための右側部分はみ出し通行禁止

車は追越しのために右側部分にはみ出して通行してはいけない

横断歩道

横断歩道であることを示す

↕

学校、幼稚園、保育所などあり

付近に学校、幼稚園、保育所などがあることを示す

大型乗用自動車等通行止め

乗車定員11人以上の乗用自動車は通行できない

↕

大型貨物自動車等通行止め

大型貨物、大型特殊、特定中型貨物自動車は通行できない

高さ制限

車の地上高を制限する規制標識

↕

最大幅

車の最大幅を制限する規制標識

専用通行帯

指定された車、原動機付自転車、小型特殊自動車、軽車両以外の車は通行できない（左折や工事などでやむを得ない場合は除く）

↕

路線バス等優先通行帯

路線バスなどが優先だが、自動車、原動機付自転車、軽車両も通行してよい

一方通行

一方通行の始まりを示す

↕

左折可

この標示板があるところは信号に関わらず左折が可能

指定方向外進行禁止

矢印の方向以外への車の進行禁止

↕

進行方向別通行区分

それぞれの通行区分の進行方向を示す

歩行者専用

(1)歩行者専用道路（歩行者だけの通行のために設けられた道路）の指定
(2)歩行者用道路の指定

↕

横断歩道

横断歩道であることを示す

自動車専用

高速自動車国道と自動車専用道路の指定

↕

二輪の自動車以外の自動車通行止め

二輪の自動車（大型自動二輪車、普通自動二輪車）は通行できるが、その他の自動車は通行できない

駐車可

車は駐車することができる

↕

駐車場

駐車場を表す案内標識

車両横断禁止

車の横断の禁止（道路外の施設または場所に出入りするための左折をともなう横断を除く）

⇕

転回禁止

車は転回できない

一般原動機付自転車の右折方法（二段階）

原付で右折するとき交差点の側端《そくたん》に沿って通行し、二段階右折をする

⇕

一般原動機付自転車の右折方法（小回り）

右折するとき、あらかじめ道路の中央に寄り右折する

安全地帯

安全地帯であることを示す

⇕

中央線

道路の中央や中央線であることを示す

試験によく出る重要標識

最低速度

自動車は表示された速度未満の速度で通行してはいけない

停止線

車が停止する場合の位置を示す

幅員減少

この先の道路の幅が狭くなることを表す

優先道路

優先道路を表す。この標識のある道路を通行する車が優先される

1-13 まぎらわしい標示

標示の色による違い・実線か破線による違いに注意

標示は、黄色か白色、実線か破線かで意味が異なるのでしっかりチェックしよう

駐停車禁止

車は駐停車をしてはいけない

⇕

駐車禁止

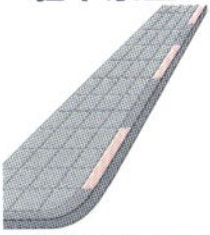

車は駐車をしてはいけない

立入り禁止部分

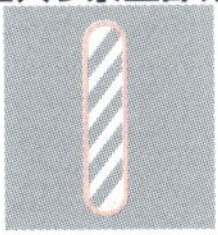

車の立ち入りを禁止している部分

⇕

停止禁止部分

車と路面電車の停止が禁止されている部分

転回禁止

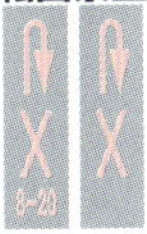

車は転回してはいけない

⇕

終わり

表示されていた交通規制が終わりになることを示す

横断歩道または自転車横断帯あり

前方に横断歩道や自転車横断帯があることを示す

⇕

前方優先道路

前方の道路が優先道路であることを示す（標示のある道路は優先道路ではない）

進路変更禁止

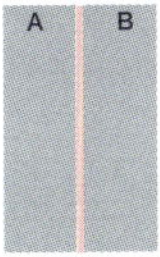

A、Bそれぞれの車両通行帯を通行する車が、進路変更することを禁止

⇕

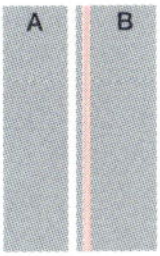

Bの車両通行帯を通行する車が、Aの車両通行帯を通行することを禁止

専用通行帯

指定された車、原動機付自転車、小型特殊自動車、軽車両以外の車は通行できない（左折や道路工事などでやむを得ない場合は除く）

⇕

路線バス等優先通行帯

路線バスなどが優先であるが、自動車、原動機付自転車、軽車両も通行してよい

路側帯

歩行者と軽車両は通行できる路側帯（幅が0.75メートルを超える場合は中に入って駐停車できる）

駐停車禁止路側帯

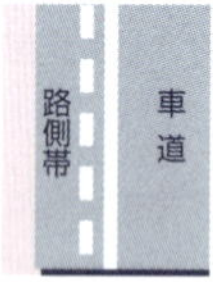

歩行者と軽車両は通行できる路側帯（路側帯内は駐停車禁止）

歩行者用路側帯

歩行者だけが通行できる路側帯（路側帯内は駐停車禁止）

追越しのためのはみ出し禁止

AおよびBの部分の右側部分はみ出し追越し禁止

AおよびBの部分の右側部分はみ出し追越し禁止

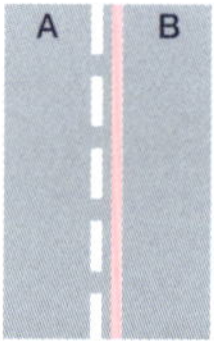

Bの部分からAの部分へのはみ出し追越し禁止

試験によく出る重要標示

安全地帯

黄色で囲われた範囲が安全地帯であることを示す

右側通行

道路の右側部分にはみ出して通行できることを示す

最高速度

車および路面電車の最高速度を示す

車両通行区分

道路にかかれた文字は、通行区分を指定された車両通行帯と車の種類を示す

PART 2
試験によく出る重要問題

① 信号の意味
② 標識・標示の意味
③ 運転する前の心得
④ 運転の方法
⑤ 歩行者の保護
⑥ 安全な速度
⑦ 追越しなど
⑧ 交差点の通り方
⑨ 駐車と停車
⑩ 危険な場所などの運転
⑪ 二輪車の運転方法
⑫ 事故・故障・災害などのとき

赤シートで「解答と解説」をかくせば、答え合わせが簡単！効果的に知識が身につきます。

2-1 信号の意味

●次の問題で正しいものは「○」、誤っているものには「×」と答えなさい。

問1 □

信号機は時差式信号など、特定方向の信号が赤に変わる時間がずらしてあるものもあるので、運転者は正面の信号を見なければならない。

問2 □

信号機のある交差点を自動車が右折するときに、前方の信号が青色なら横の信号が赤色であっても、対向車の進行を妨げなければ右折してもよい。

問3 □

交差点の中で前方の信号が青色から黄色に変わったときは、ただちに停止しなければならない。

問4 □

信号機が黄色の灯火《とうか》の信号に対面する原動機付自転車は、停止線で安全に停止することができる場合であっても、他の交通に注意して徐行《じょこう》すれば交差点に進入してもよい。

問5 □

正面の信号が黄色の点滅《てんめつ》をしている場合には、原動機付自転車は、他の交通に注意しながら進行することができる。

問6 □

赤色の灯火の点滅の信号を表示している信号機に対面したときは、一時停止の標識がある交差点の通行方法と同じように通行する。

解答と解説

問1 ○

信号機の信号は、全方向が一時的に赤になる信号や、時差式信号機のように特定方向の信号が赤に変わる時間をずらしているものもあります。

問2 ○

自動車は前方の信号が青であれば右折することができますが、この場合、歩行者などにも注意しなければなりません。ただし、原動機付自転車が二段階右折をする場合には、直接右折することはできません。

問3 ×

信号が青色から黄色に変わったときに交差点内を走行しているときには、そのまま交差点を通過することができます。

問4 ×

停止線の手前で安全に停止することができない場合以外は、停止線の直前で停止しなければなりません。

問5 ○

黄色の点滅信号《てんめつしんごう》のときには、原動機付自転車などの車や歩行者、路面電車は他の交通に注意して進行することができます。

問6 ○

赤色の灯火《とうか》の点滅信号のときには、車や路面電車は一時停止の標識がある交差点での通行方法と同じように、停止位置で一時停止します。

2-1 信号の意味

問7 □

赤色の灯火《とうか》の点滅《てんめつ》信号では、車は停止位置で一時停止し、安全確認したあと、徐行《じょこう》して進まなければならない。

問8 □

図1の信号機の青矢印は、信号が赤であっても矢印に従って右折できることを表しているが、左側部分に車両通行帯が3車線以上ある交差点では、原動機付自転車は直接右折することはできない。

図1

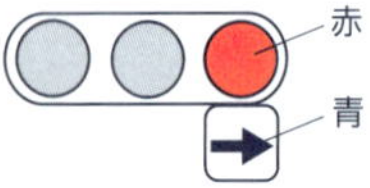

問9 □

片側2車線の交差点で信号が赤色の灯火《とうか》と右折の青色の矢印を表示しているときには、普通自動車は右折することができるが、原動機付自転車は直接右折することができない。

問10 □

交差点で前方の信号が赤色や黄色の灯火《とうか》であっても、同時に青色の矢印があれば、どのような交差点であっても原動機付自転車は矢印の方向に進むことができる。

問11 □

交差点で警察官が手信号や灯火《とうか》による信号をしている場合でも、信号機の信号が優先するので、信号機に従わなければならない。

解答と解説

問7
×

赤色の灯火の点滅信号では、車は停止位置で一時停止し、安全確認をしたあとに進むことができます。徐行の必要はありません。

問8
○

青色の右折の矢印の場合でも、車両通行帯が３車線以上ある交差点や、「原動機付自転車の右折方法（二段階）」の標識がある交差点では原動機付自転車は直接右折することはできません。

問9
×

片側２車線の交差点では、原動機付自転車は標識により二段階右折の指定がなければ、直接右折することができます。

問10
×

たとえ青色の矢印であっても、原動機付自転車は二段階右折しなければならない交差点では、矢印の方向に進むことはできません。

問11
×

警察官などが手信号や灯火による信号をしている場合は、信号機の信号に優先するので、警察官などの指示に従わなければなりません。

2-1 信号の意味

問12 □

警察官が交差点以外の横断歩道などのないところで赤色の信号と同じ意味の手信号をしているときは、その警察官の手前1メートルのところで停止する。

問13 □

警察官が交差点以外の横断歩道などの場所で手信号をしているときの停止位置は、横断歩道などの直前である。

問14 □

警察官が腕を垂直《すいちょく》に上げたとき、警察官の身体に平行する交通については、信号機の赤色の信号と同じ意味である。

問15 □

警察官が水平に上げていた腕を下ろしたとき、警察官と対面する交通については、信号機の赤色の灯火《とうか》と同じ意味である。

問16 □

警察官が灯火《とうか》を横に振っているとき、振られている方向は青信号、これと交差する方向は赤信号と同じ意味である。

問17 □

図2の警察官の灯火《とうか》による信号で、矢印の交通に対しては信号機の黄信号を意味している。

図2

解答と解説

問12 ○

警察官などが交差点以外で、横断歩道も自転車横断帯も踏切もないところで、手信号や灯火《とうか》により赤色の信号と同じ意味の信号をしているときの停止位置は、警察官などの１メートル手前です。

問13 ○

交差点以外の横断歩道や自転車横断帯、踏切などがあるところで警察官が手信号や灯火《とうか》による信号をしているときの停止位置は、それらの場所の直前です。

問14 ×

警察官が腕を垂直に上げたとき、警察官の身体に平行する交通については、黄色の灯火の信号と同じ意味です。

問15 ○

警察官が水平に上げていた腕を下ろしたときも、警察官と対面する交通については、赤色の灯火の信号と同じ意味です。

問16 ○

警察官が灯火を横に振っているとき、振られている方向は青信号、これと交差する交通については赤色の灯火の信号と同じ意味です。

問17 ○

警察官が灯火を頭上に上げているとき、警察官の身体に平行する交通については黄色の灯火の信号と同じ意味です。

2-2 標識・標示の意味

●次の問題で正しいものは「○」、誤っているものには「×」と答えなさい。

問1 □

図1の標識は、二輪車（原動機付自転車を含む）の通行を禁止している。

図1

問2 □

道路の左端や信号機に、図2の標示板があるときは、車は前方の信号が赤や黄色であっても、歩行者やまわりの交通に注意しながら左折することができる。

図2

問3 □

図3の標識のある交差点では直進することはできない。

図3

問4 □

図4の標示は、前方が優先道路であることを表している。

図4

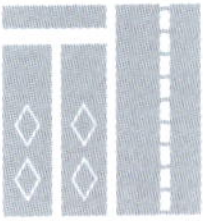

問5 □

図5の標識のある道路は、車と路面電車だけでなく、歩行者も通行できないことを表している。

図5

問6 □

図6の標識のあるところでは、他の車の正常な通行を妨げるおそれがないときでも転回することはできない。

図6

解答と解説

問1 ×

問題の標識は「大型自動二輪車および普通自動二輪車二人乗り通行禁止」を表示しています。

問2 ○

問題の標示板は「信号に関わらず左折可能であることを示す標示板」なので、前方の信号が赤や黄色であっても左折することができます。しかし、信号に従って横断している歩行者や自転車の通行を妨げてはいけません。

問3 ○

問題の標識は「指定方向外進行禁止」であり、右左折はできますが、直進はできません。

問4 ×

問題の標示は「横断歩道または自転車横断帯あり」を表示しています。

問5 ○

問題の標識は「通行止め」なので、車、路面電車、歩行者は通行できません。

問6 ○

問題の標識は「転回禁止」なので、指定されている場所では転回することはできません。

2-2 標識・標示の意味

問7 □

普通自転車は、図7の標示をこえて交差点に進入してはならない。

図7

問8 □

図8の標識は、この先に「左カーブ」があることを表している。

図8

問9 □

図9の標示のある路側帯《ろそくたい》は軽車両などの通行も禁止されており、自動車も路側帯部分に入って駐《ちゅう》停車《ていしゃ》することができない。

図9

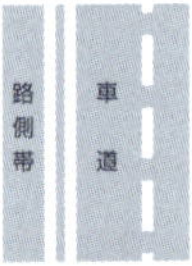

問10 □

図10の標識は、路肩《ろかた》が崩れやすくなっているので、注意する必要があることを表している。

図10

問11 □

図11の標識のある場所では、道路の中央から右側部分にはみ出さなければ前の車を追《お》い越《こ》すことができる。

図11

問12 □

図12の標識は、パーキング・メータを作動させたり、パーキング・チケットの発給を受けた後に表示されている時間をこえて駐車してはならない、時間制限区間であることを示している。

図12

解答と解説

問7 ○

問題の標示は「普通自転車の交差点進入禁止」なので、普通自転車はこの標示をこえて交差点に進入することはできません。

問8 ×

問題の標識は「指定方向外通行禁止」なので、矢印の方向（左折）以外への通行禁止を表しています。

問9 ○

問題の標示は「歩行者用路側帯」であり、車の駐停車や通行が禁止されています。

問10 ×

問題の標識は「落石のおそれあり」なので、注意して通行します。

問11 ×

問題の標識は「追越《おいこ》し禁止《きんし》」なので、道路の中央から右側部分にはみ出さなくても、追い越しすることはできません。

問12 ○

問題の標識は「時間制限駐車区間」なので、表示されている時間をこえて駐車してはなりません。

2-2 標識・標示の意味

問13 □

図13の標識のある道路では、車は通行できないが、歩行者は通行することができる。

図13

問14 □

図14の標識は、高速自動車国道または自動車専用道路であることを表している。

図14

問15 □

図15の標示のある路側帯《ろそくたい》では、駐車《ちゅうしゃ》や停車《ていしゃ》はできないが、車の通行はしてもよい。

図15

問16 □

図16の標識のある道路では、追《おい》越《こ》しのためであっても道路の中央から右側部分を通行してはならない。

図16

問17 □

図17の標識がある道路では、原動機付自転車の通行は禁止されている。

図17

問18 □

図18の標識のあるところでは、駐車《ちゅうしゃ》はできないが停車《ていしゃ》することはできる。

図18

問19 □

図19の標識のある車両通行帯では、原動機付自転車は通行してはならない。

図19

解答と解説

問13 ○

問題の標識は「車両通行止め」であり、車（自動車、原動機付自転車、軽車両）は通行できません。

問14 ○

問題の標識は「自動車専用」なので、高速自動車国道または自動車専用道路であることを表しています。

問15 ×

問題の標示は「駐停車禁止《ちゅうていしゃきんし》路側帯《ろそくたい》」なので、車の駐停車が禁止されています。歩行者と軽車両以外は通行できません。

問16 ○

問題の標識は「追越しのための右側部分はみ出し通行禁止」であり、追越しのために右側部分を通行することはできません。

問17 ○

問題の標識は「自転車および歩行者専用」なので、沿道に車庫があるなど、通行の許可を受けなければ、原動機付自転車も通行できません。

問18 ×

問題の標識は「駐停車禁止《ちゅうていしゃきんし》」なので、停車することもできません。

問19 ×

問題の標識は路線バスなどの「専用通行帯」なので、指定された車のほか、小型特殊自動車、原動機付自転車、軽車両は通行できます。

2-2 標識・標示の意味

問20 □

図20の標識のある交差点を右折する原動機付自転車は交差点の向こう側までまっすぐ進み、その地点で止まるまでの間は、右折の合図を行ってはならない。

図20

問21 □

図21の標識のある道路では、自動車はすべて通行できない。

図21

問22 □

図22のような路側帯《ろそくたい》で歩行者が通行していない場合には、自動車は通行することができる。

図22

問23 □

図23の標識のある場所では、対向車が少ないときでも警音器《けいおんき》は鳴らさなければならない。

図23

問24 □

図24の標識は、車の横断（道路外の施設または場所に出入りするための左折を伴う横断を除く）を禁止していることを表している。

図24

問25 □

図25の標識のある道路では、原動機付自転車は50キロメートル毎時の速度まで出すことができる。

図25

解答と解説

問20 ×

問題の標識は「一般原動機付自転車の右折方法（二段階）」なので、交差点の手前の側端《そくたん》から30メートル手前の地点に達したときに、右折の合図を行います。

問21 ×

問題の標識は「二輪の自動車以外の自動車通行止め」であり、二輪の自動車や原動機付自転車は通行できます。

問22 ×

路側帯は原則として自動車や原動機付自転車は、通行することができません。歩行者と軽車両は通行できます。

問23 ○

問題の標識は「警笛《けいてき》鳴らせ」なので、いかなる場合でも警音器は鳴らさなければいけません。

問24 ○

問題の標識は「車両横断禁止」なので、道路外の施設等に出入りするための左折を伴う横断を除き、横断が禁止されています。

問25 ×

問題の標識は「最高速度50キロメートル毎時」であり、自動車は50キロメートル毎時の速度まで出すことができますが、原動機付自転車の法定最高速度は30キロメートル毎時です。

2-2 標識・標示の意味

問26 □

図26の標識のある交差点で停止線がないときは、標識の直前で停止しなければならない。

図26

問27 □

自動車が図27の標識のある区間の軌道敷《きどうしき》内を通行中、後方から路面電車が近づいてきた場合でも、路面電車との距離が十分保てれば、軌道敷外に出る必要はない。

図27

問28 □

図28の標識のある交差点を右折する原動機付自転車は、あらかじめできるだけ道路の中央に寄り、交差点の中心のすぐ内側を徐行《じょこう》しながら通行しなければならない。

図28

問29 □

図29の標示のある道路の部分には、たとえ信号待ちの一時的な停止であっても、停止することはできない。

図29

問30 □

図30の標識のあるところで、左右の見通しのきかない交差点では徐行《じょこう》しなければならない。

図30

問31 □

図31の標識は近くに「学校・幼稚園・保育所などあり」を表している。

図31

解答と解説

問26
×

問題の標識は「一時停止」なので、停止線がないときは交差点の直前で一時停止します。

問27
○

路面電車が近づいてきたときに自動車は、路面電車との距離を十分に保つか、軌道敷外に出ます。

問28
○

問題の標識は「一般原動機付自転車の右折方法（小回り）」なので、自動車と同じように道路の中央に寄って、交差点の中心のすぐ内側を徐行しながら、右折することができます。

問29
○

問題の標示は「停止禁止部分」なので、この部分には停止することはできません。

問30
×

問題の標識は「優先道路」なので、優先道路を通行している車は徐行の規定がありません。

問31
×

問題の標識は「横断歩道」を表示しています。

2-2 標識・標示の意味

問32 □

図32の標識は「合流の交差点あり」を表している。

図32

問33 □

車は、図33の標示の部分に、追《おい》越《こ》しや危険防止のためやむを得ない場合以外に入ることはできない。

図33

問34 □

図34の標識は「二輪の自動車・一般原動機付自転車の通行止め」を表している。

図34

問35 □

普通自動車は右左折する場合や工事などでやむを得ない場合を除いて、図35の標識のある車両通行帯を通行してはならない。

図35

問36 □

図36の標識のある場所は、工事中なので通行することはできない。

図36

問37 □

図37の標示は、この標示のある道路の前方にある交差道路が、優先道路であることを表している。

図37

解答と解説

問32 ×

問題の標識は「Y形道路交差点あり」を表示しています。

問33 ×

問題の標示は「立入り禁止部分」であり、追越しや危険防止などのためやむを得ない場合であっても、車が入ることは禁止されています。

問34 ○

問題の標識は「二輪の自動車・一般原動機付自転車通行止め」なので、二輪車は通行できません（軽車両を除く）。

問35 ×

問題の標識は「路線バス等優先通行帯」なので、交通が混雑していて、バスが接近してきたときに、この通行帯から出られなくなるおそれがなければ、自動車も通行できます。

問36 ×

問題の標識は「道路工事中」なので、そのそばを通行するときには注意します。

問37 ○

問題の標示は「前方優先道路」なので、この標示がある道路と交差する前方の道路が優先道路であることを示しています。

2-2 標識・標示の意味

問38 □

図38の標識はロータリーありの規制標識である。

図38

問39 □

図39の標識は、矢印が示す方向の反対方向への車の通行を禁止している。

図39

問40 □

本標識には、規制標識、指示標識、警戒標識、案内標識の４種類がある。

問41 □

図40の標識のある交差点では、右折は禁止されている。

図40

問42 □

図41の標識のある道路では、その標識の矢印の方向へ通行しなければならない。

図41

問43 □

図42の標識のある道路を通行の許可を受けた車で通行するときは、徐行《じょこう》して歩行者に注意する。

図42

問44 □

図43の標示のある場所を道路の中央から右側部分にわずかにはみ出して通行した。

図43

解答と解説

問38 ×

環状の交差点における右回り通行の規制標識である。

問39 ○

問題の標識は「一方通行」なので、矢印が示す方向の反対方向への車の通行を禁止しています。

問40 ○

標識には４種類の本標識と補助標識があります。

問41 ○

問題の標識は「指定方向外進行禁止」を表示しているので、矢印の方向（直進、左折）以外への進行禁止を意味しています。

問42 ○

問題の標識は「指定方向外進行禁止」を表示しているので、矢印の方向（直進）以外への進行禁止を意味しています。

問43 ○

問題の標識は「歩行者専用」を表示しているので、通行の許可を受けている車で通行するときは、歩行者に注意し徐行して通行します。

問44 ○

問題の標示は「右側通行」を表示しているので、右側部分にはみ出して通行することができます。

問45 □

図44の標識は、道路の中央部分以外の部分を道路の中央として指定するときなどに設けられる。

図44

問46 □

原動機付自転車は、図45の標示のある道路では、「二輪・軽車両」の車両通行帯を通行しなければならない。

図45

問47 □

図46の標示のあるところで原動機付自転車が停止するときは、二輪と表示してある停止線の手前で停止する。

図46

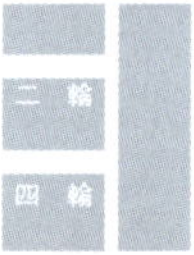

問48 □

図47の標識のある道路では速度を落として慎重に運転する。

図47

問49 □

図48の標示のある場所では、原動機付自転車は5分以内の荷物の積卸《つみおろ》しであれば停車《ていしゃ》できる。

図48

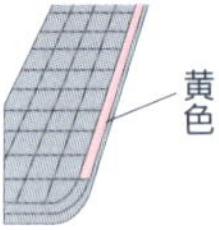

問50 □

図49の標示のある道路の交差点では、車で左折する場合は左から1番目か2番目の通行帯を通行する。

図49

解答と解説

問45 ○

問題の標識は「中央線」を表示し、道路の中央や中央線であることを示しています。

問46 ○

問題の標示は「車両通行区分」を表示し、図示の文字は通行区分を指定された車両通行帯と車の種類を示します。

問47 ○

問題の標示は「二段停止線」を表示しているので、原動機付自転車は二輪と表示されている停止線の手前で停止します。

問48 ○

問題の標識は「すべりやすい」を表示しているので、慎重に運転しなければなりません。

問49 ×

問題の標示は「駐停車禁止《ちゅうていしゃきんし》」を表示しているので、原動機付自転車による5分以内の荷物の積卸しであっても停車することはできません。

問50 ○

問題の標示は「進行方向」を表示しているので、左折する場合には左から1番目か2番目の通行帯を通行します。

2-2 標識・標示の意味

問51
□
図50の標識のある踏切を通過するときは、一時停止の必要はない。

図50

問52
□
図51の標識のある橋の上などでは、とくに横風に注意して通行しなければならない。

図51

問53
□
図52の標識のある場所は、そこが駐停車禁止《ちゅうていしゃきんし》の場所であっても、駐車することができる。

図52

問54
□
図53の標識は路面にでこぼこがあることを表している。

図53

問55
□
図54の標識のある交差点は、十字型の交差点があることを表している。

図54

問56
□
図55の標示は、安全地帯を表しているので、車はこの部分に入ってはならない。

図55

問57
□
図56の標識のある交差点では、車は徐行《じょこう》しなければならない。

図56

解答と解説

問51 ×

問題の標識は「踏切あり」を表示しているので、踏切を通過するときには、原則として一時停止の必要があります。

問52 ○

問題の標識は「横風注意」を表示しています。

問53 ○

問題の標識は「駐車可《ちゅうしゃか》」を表示しています。

問54 ○

問題の標識は「路面に凹凸あり」を表示しています。

問55 ○

問題の標識は「十字道路交差点あり」を表示しています。

問56 ○

問題の標示は「安全地帯」を表示しているので、車はこの部分に入ることはできません。

問57 ○

問題の標識は「徐行」を表示しているので、その場所を通行する車は徐行しなければいけません。

2-2 標識・標示の意味

問58 ☐

一方通行となっている道路で、図57の標識が道路の右端に立てられているときは、右端に沿って停車することができる。

図57

問59 ☐

図58の補助標識は、どちらも本標識の始まりを表している。

図58

問60 ☐

図59の標示のある道路で、ただちに運転できる状態で３分間、荷物の積卸《つみおろ》しをした。

図59

問61 ☐

図60の標識のある場所の直前に停止している車があるときは、徐行《じょこう》しなければならない。

図60

問62 ☐

図61の標識は優先道路であることを表している。

図61

問63 ☐

図62の標識のある道路では、その標識の矢印の方向へ通行しなければならない。

図62

解答と解説

問58 ○

問題の標識は「停車可」を表示しているので、その場所で停車することができます。

問59 ×

問題の補助標識は、どちらも本標識の「終わり」を表示しています。

問60 ○

問題の標示は「駐車禁止《ちゅうしゃきんし》」を表示しているので、その場所では停車《ていしゃ》することができます。

問61 ×

問題の標識は「横断歩道・自転車横断帯」を表示しているので、その直前に停止している車があるときは、その車の前方に出る前に一時停止します。

問62 ×

問題の標識は「安全地帯」を表示しています。

問63 ○

問題の標識は「指定方向外進行禁止」で、標識の右側の通行禁止を表示しています。

2-3 運転する前の心得

●次の問題で正しいものは「○」、誤っているものには「×」と答えなさい。

問1 □
車とは、自動車と原動機付自転車、路面電車のことをいう。

問2 □
免許証の停止処分中の者がその期間中に運転すると、無免許運転になる。

問3 □
運転免許証を自宅に忘れて運転をした場合には、無免許運転になる。

問4 □
原動機付自転車には強制保険はもちろん、任意保険にも加入していなければ運転してはならない。

問5 □
原動機付自転車に乗るときは、必ず自動車損害《そんがい》賠償《ばいしょう》責任保険か責任共済に加入し、その証明書を車に備えておく。

問6 □
原動機付自転車を運転するときは、免許証に記載されている条件を守らなければならない。

問7 □
長時間単調な運転を続けると眠くなることがあるので、少しでも眠くなったら安全な場所に車を止めて、休憩をとることが大切である。

解答と解説

問1 ×

車とは、自動車、原動機付自転車、軽車両のことをいいます。

問2 ○

免許証の停止処分中に自動車や原動機付自転車を運転すると、無免許運転になります。

問3 ×

運転免許証を所持しないで運転すると、免許証不携帯になります。

問4 ×

強制保険のみでも運転できますが、万一の場合を考え、任意保険にも加入したほうがよいでしょう。

問5 ○

運転するときには、車に運転免許証と自動車損害賠償責任保険証明書または責任共済証明書を備えておかなければなりません。

問6 ○

免許証に記載されている条件（眼鏡使用など）を守らなければ、運転することはできません。

問7 ○

長時間にわたって運転するときは、2時間に1回は休息をとるようにします。

2-3 運転する前の心得

問8 □
長距離運転するときは、あらかじめ計画を立ててしまうと、計画にとらわれがちになるので、計画は立てずその場に応じて運転するとよい。

問9 □
運転者が疲労しているときや眠気をさそうような薬を飲んだ場合は、運転しないほうがよい。

問10 □
少しくらいの酒を飲んでも、酔っていないと判断できれば車を運転してもよい。

問11 □
運転免許は第一種運転免許、第二種運転免許、仮運転免許の３種類に区分される。

問12 □
原付免許を受けている者は、原動機付自転車のほか小型特殊自動車を運転することができる。

問13 □
50cc以下のミニカーであれば、原付免許で運転することができる。

問14 □
故障車をロープなどでけん引する場合に、故障車のハンドルを操作《そうさ》する者は、その車を運転できる免許を持っている者でなければならない。

解答と解説

問8 ×
長距離運転のときはもちろん、短区間を運転するときにも、自分の運転技能と車の性能に合った運転計画を立てることが必要です。

問9 ○
疲れているときや病気のとき、心配ごとのあるときなどは、運転を控《ひか》えるか、体の調子を整えてから運転するようにします。

問10 ×
たとえ少量でも酒を飲んだときは、酔っていなくても運転してはいけません。

問11 ○
運転免許には第一種運転免許、第二種運転免許、仮運転免許の３種類があります。

問12 ×
原付免許では、原動機付自転車以外を運転することはできません。

問13 ×
ミニカーは普通・中型・大型免許のいずれかを受けていなければ、運転することはできません（普通・中型・大型第二種免許でも可）。

問14 ○
故障車をロープなどでけん引する場合は、故障車にはその車を運転できる免許を持っている者にハンドルを操作させます。

2-3 運転する前の心得

問15 □
ロープで故障車をけん引する場合には、けん引する車を運転する者がけん引免許を持っていなければ、けん引することはできない。

問16 □
原付免許を受けてから初心運転期間中に違反点数が基準に達して、再試験に合格しなかった人や再試験を受けなかった人は免許停止となる。

問17 □
タイヤの空気圧は、ウェア・インジケータ（スリップ・サイン）などにより点検するのがよい。

問18 □
原動機付自転車は１年に１回、定期点検整備を行わなければならない。

問19 □
原動機付自転車の乗車定員は１人であるが、小児用の座席をつければ２人乗りができる。

問20 □
二輪車の積み荷の高さの制限は、地上から２メートル以下までである。

問21 □
原動機付自転車の荷台に積むことができる荷物の積載《せきさい》制限は積載装置《せきさいそうち》の幅に左右0.2メートルを加えた幅までである。

解答と解説

問15
×
ロープで故障車をけん引する場合は、けん引する車の運転者にはけん引免許は必要ありません。

問16
×
初心運転期間中に違反点数が基準に達して、再試験に合格しなかった人や再試験を受けなかった人は免許取り消しとなります。

問17
×
タイヤの空気圧はタイヤの接地部のたわみの状態により点検します。

問18
×
原動機付自転車には定期点検整備の義務はありませんが、専門家に定期的に点検してもらうようにします。

問19
×
原動機付自転車の乗車定員は１人であり、２人乗りは禁止されています。

問20
○
二輪車には、地上から２メートル以下の高さまで積載《せきさい》することができます。

問21
×
原動機付自転車の荷台には積載装置の幅＋左右0.15メートルを加えた幅まで積むことができます。

2-3 運転する前の心得

問22 □

原動機付自転車の積載装置《せきさいそうち》に積むことのできる積載物の長さは、積載装置の長さ＋0.3メートル以下までである。

問23 □

荷台のある原動機付自転車には、60キログラムまでの重さの荷物を積むことができる。

問24 □

車を運転するときは、たえず前方に注意するとともに、ミラーなどにより周囲の交通の状況に目を配ることが大切であり、一点だけを注視した運転は避けなければならない。

問25 □

明るさが急に変わると、視力は一時急激に低下するので、トンネルに入る前やトンネルから出るときは、速度を落として通行するとよい。

問26 □

遠心力の大きさは、カーブの半径が小さくなるほど大きくなり、速度の２乗に比例して大きくなる。

問27 □

制動《せいどう》距離や遠心力などは、いずれも速度に比例して大きくなり、速度が２倍になれば制動距離や、カーブで車を横すべりさせたり、転倒させようとする力も２倍になる。

解答と解説

問22 ○

原動機付自転車の荷台には、積載装置の長さ＋0.3メートル以下を加えた長さまで積むことができます。

問23 ×

原動機付自転車には、30キログラムまでの重さの荷物を積むことができます。

問24 ○

一点だけを注視したり、ぼんやり見ているだけでなく、たえず前方に注意するとともに、ミラーなどによって周囲の交通の状況に目を配ります。

問25 ○

明るさが急に変わると、視力は、一時急激に低下します。トンネルに入る前やトンネルから出るときは、速度を落とします。

問26 ○

遠心力の大きさは、カーブの半径が小さいほど大きくなり、速度の２乗に比例して大きくなります。

問27 ×

制動距離や遠心力などは、いずれも速度の２乗に比例して大きくなり、速度が２倍になれば制動距離や、カーブで車を横すべりさせたり、転倒させようとする力は４倍になります。

2-4 運転の方法

●次の問題で正しいものは「○」、誤っているものには「×」と答えなさい。

問1 □

はきものは運転操作《うんてんそうさ》には関係ないので、車を運転する前に注意をはらう必要はない。

問2 □

信号待ちで携帯電話《けいたいでんわ》を手に持って使用していたが、信号が青に変わったので、そのまま話しながら車を発進した。

問3 □

道路の中央から右側部分にはみ出して通行できるときでも、一方通行のほかは、そのはみ出しかたをできるだけ少なくなるようにしなければならない。

問4 □

車両通行帯のない道路では、車は道路の中央より左側部分であれば、どの部分を走行してもよい。

問5 □

同一方向に2つの車両通行帯があるときには、右側の車両通行帯は追越《おいこ》しのためにあけておく。

問6 □

通行区分を指定する標識などがなく片側に3つ以上の車両通行帯のある道路では、最も右側の車両通行帯は追越しのためにあけておき、それ以外の通行帯をその速度に応じて通行する。

解答と解説

問1 ×

運転するときは、げたやサンダル、ハイヒールなどをはいて運転してはいけません。

問2 ×

走行中に携帯電話を使用すると、周囲の交通の状況などに対する注意が不十分になり、大変危険なので、やむを得ず使用するときは、必ず安全な場所に停止してから使用するようにしましょう。

問3 ○

一方通行の場合のほかは、道路の中央から右側部分へのはみ出しかたをできるだけ少なくなるようにしなければなりません。

問4 ×

車両通行帯のない道路では、追越《おいこ》しなどでやむを得ない場合のほかは、道路の左に寄って通行します。

問5 ○

２つの車両通行帯があるときは、左側の車両通行帯を通行し、右側の車両通行帯は追越しなどのためにあけておきます。

問6 ○

同一方向に３つ以上の車両通行帯が設けられているときは、その最も右側の車両通行帯は追越しのためにあけておき、それ以外の通行帯をその速度に応じて通行することができます。

2-4 運転の方法

問7 □

交差点内を通行中に、前方から緊急《きんきゅう》自動車が接近してきたときには、直ちにその場で一時停止して通過を待つ。

問8 □

交差点とその付近以外の道路を通行中、前方から緊急《きんきゅう》自動車が接近してきたときは、そのまま進行を続けてよい。

問9 □

一方通行の道路を走行中に緊急自動車に進路をゆずる場合は、道路の右側に寄る場合もある。

問10 □

緊急自動車が近づいてきたとき、黄色の線の車両通行帯を通行しているときは、進路を変更してはならない。

問11 □

路線バスなどの「専用通行帯」であっても、小型特殊自動車や原動機付自転車は専用通行帯を通行できる。

問12 □

普通自動車で左側の「路線バス等優先通行帯」を通行中、後方からバスが近づいてきたが、右側の車両通行帯が混雑していたので、そのまま通行した。

問13 □

停留所で止まっている路線バスが方向指示器などで発進の合図をしたときは、後方の車は絶対にその発進を妨げてはならない。

解答と解説

問7 ×

交差点内で緊急自動車が接近してきたときは、交差点から出て、道路の左側に寄り一時停止します。

問8 ×

緊急自動車は前後どちらから接近してきたときでも、道路の左側に寄って進路をゆずらなければなりません。

問9 ○

一方通行の道路で左側に寄ると、かえって緊急自動車の進行の妨げとなるようなときは、右側に寄らなければなりません。

問10 ×

黄色の線の車両通行帯を通行していても、緊急自動車が接近してきたときや道路工事などでやむを得ない場合は、進路を変更できます。

問11 ○

路線バスなどの「専用通行帯」であっても、小型特殊自動車、原動機付自転車、軽車両は通行できます。

問12 ×

「路線バス等優先通行帯」を通行中に後方から路線バスなどが近づいてきたら、すみやかに道をゆずらなければなりません。混雑などで出られなくなるおそれがあれば、はじめからその通行帯を通行してはいけません。

問13 ×

路線バスが方向指示器などで発進の合図をしたときは、その発進を妨げてはいけません。しかし、急ブレーキや急ハンドルで避けなければならない場合は別です。

2-4 運転の方法

問14 □

軌道敷内《きどうしき》は原則として車は通行できないが、右左折や横断・転回のため軌道敷内を横切るときは通行できる。

問15 □

路線バスなどの「専用通行帯」に指定された通行帯でも、右左折する場合や道路工事のためやむを得ない場合には通行することができる。

問16 □

路線バスなどの優先通行帯を原動機付自転車で走行中、後方からバスが接近してきたときはその車両通行帯から出なければならない。

問17 □

車両通行帯が黄色の線で区画されている道路を通行しているときは、たとえ右左折のためであっても、交差点の手前で進路を変えることはできない。

問18 □

車は、路面電車が通行していないときは、いつでも軌道敷内《きどうしき》を通行することができる。

解答と解説

問14 ○

「軌道敷内通行可」の標識によって通行が認められた自動車以外の車は、右左折や横断・転回のため軌道敷内を横切るときには通行できます。

問15 ○

路線バスなどの「専用通行帯」では、指定された車以外の車でも、右左折する場合や道路工事のためやむを得ない場合は通行できます。

問16 ×

原動機付自転車は後方から路線バスが接近してきても、路線バスなどの優先通行帯から出ないで通行することができます。この場合、通行帯の左寄りを通行します。

問17 ○

車両通行帯が黄色の線で区画されている場所では、その線をこえて進路変更を行うことはできません。

問18 ×

車は、原則として軌道敷内を通行することはできません。通行できるのは軌道敷内通行可の標識により指定された自動車だけです。

2-5 歩行者の保護

●次の問題で正しいものは「○」、誤っているものには「×」と答えなさい。

問1 □
路側帯《ろそくたい》を通行している自転車の側方《そくほう》を通過するときは、その自転車との間に安全な間隔をあけたり、徐行《じょこう》したりする必要はない。

問2 □
安全地帯のそばを通るときは、歩行者がいないことが明らかな場合であっても、徐行《じょこう》しなければならない。

問3 □
停留所で乗り降りする人がいないときで、路面電車との間に1.5メートルの間隔がとれるか、安全地帯があるときは徐行《じょこう》して通行することができる。

問4 □
止まっている車のそばを通行するときは、右側のドアが急に開いたり、車のかげから人が飛び出してくることがあるので、注意して運転するのがよい。

問5 □
横断歩道のない交差点やその付近を歩行者が通行しているときは、一時停止するなどして、その通行を妨げないようにしなければならない。

問6 □
横断歩道や自転車横断帯に近づいたときは、横断する人や自転車がいないことが明らかな場合のほかは、その手前で停止できるように速度を落として進まなければならない。

解答と解説

問1
☒
自転車のそばを通るときは、自転車との間に安全な間隔をあけるか、徐行しなければなりません。

問2
☒
安全地帯のそばを通るときは、歩行者がいないことが明らかな場合には、徐行する必要はありません。

問3
○
乗り降りする人がいないときで路面電車との間に1.5メートル以上の間隔がとれるときや安全地帯があるときは、徐行して進むことができます。

問4
○
止まっている車のそばを通るときは、急にドアが開いたり、車のかげから人が飛び出したりする場合があるので、注意が必要です。

問5
○
横断歩道のない交差点やその近くを歩行者が横断しているときは、その通行を妨げてはいけません。
＊「妨げない」とは、速度を落としたり、徐行したり、場合によっては一時停止することをいいます。

問6
○
横断歩道などに近づいたときに、横断する人などがいないことが明らかでないときは、横断歩道の手前で停止できるように速度を落として進まなければなりません。

2-5 歩行者の保護

問7 □ 横断歩道や自転車横断帯に近づいたとき、横断する歩行者や自転車が明らかにいない場合には、減速《げんそく》しないでそのままの速度で進行することができる。

問8 □ 横断歩道の手前に停止している車があるときは、そのそばを通って前方に出る前に、徐行《じょこう》して安全を確かめる。

問9 □ 目の不自由な人が盲導犬を連れて歩いているときは、一時停止か徐行《じょこう》をして、その通行を妨げてはならない。

問10 □ こどもは突然路上に飛び出したり、無理に道路を横断しようとするので、そばを通るときは、特に注意しなければならない。

問11 □ こどもの乗り降りのため停車している通学通園バスのそばを通るときは、徐行《じょこう》して安全を確かめなければならない。

問12 □ 高齢者を乗せた車いすを、健康な人が押して通行しているときは、一時停止や徐行《じょこう》をしなくてもよい。

問13 □ 歩行者用道路の通行が許可されている車は、特に歩行者に注意して徐行《じょこう》しなければならないが、歩行者がいないときは徐行の必要はない。

解答と解説

問7 ○

横断歩道や自転車横断帯に近づいたとき、横断する歩行者や自転車が明らかにいない場合には、そのままの速度で進行することができます。

問8 ×

横断歩道の手前で停止している車があるときには、そのそばを通って前方に出る前に一時停止をして、安全を確認しなければなりません。

問9 ○

目の不自由な人だけでなく、通行に支障のある高齢者が通行しているときも同様です。

問10 ○

こどもは、興味をひくものに夢中になり、突然路上に飛び出したり、判断が未熟なために、無理に道路を横断しようとすることがあるので、特に注意します。

問11 ○

止まっている通学通園バスのそばを通るときは、徐行して安全を確かめなければなりません。

問12 ×

健康な人が押していても、一時停止か徐行をして、車いすで通行している人が安全に通れるようにしなければなりません。

問13 ×

歩行者用道路を通行するときには、歩行者の有無に関係なく徐行しなければなりません。

2-5 歩行者の保護

問14 □ 道路に面したガソリンスタンドに入るために歩道を横切る場合には、歩行者がいてもいなくても、その直前で一時停止しなければならない。

問15 □ 高齢者マークのついている自動車を高齢者が運転している場合には、危険を避《さ》けるためやむを得ない場合のほかは、その車の側方《そくほう》を幅寄《はばよ》せしたり、無理に前方に割り込んではならない。

問16 □ こどもがひとりで歩いているそばを通るときは、こどもとの間に安全と思われる間隔をあけることができれば、徐行《じょこう》の必要はない。

問17 □ 急発進、急加速、空ぶかしは、大きな騒音を発するので禁止されている。

問18 □ 安全地帯のある停留所に路面電車が停止しているときは、徐行《じょこう》しないで通過できる。

問19 □ 横断歩道をこれから横断しようとしている歩行者がいるときには、警音器《けいおんき》を鳴らし歩行者に注意を促して通行する。

解答と解説

問14 ○

道路に面した場所に出入りするため歩道や路側帯《ろそくたい》を横切る場合には、その直前で一時停止するとともに、歩行者の通行を妨げないようにします。

問15 ○

危険を避けるためやむを得ない場合のほかは、高齢者が高齢者マークをつけて運転している自動車の側方を幅寄せしたり、前方に無理に割り込んではいけません。

問16 ×

こどもがひとりで歩いているそばを通るときは、一時停止か徐行をして、こどもが安全に通れるようにしなければなりません。

問17 ○

著しく他人に迷惑をおよぼす騒音を生じさせるような急発進、急加速や空ぶかしをしてはいけません。

問18 ×

路面電車が止まっているときは、安全地帯があっても徐行しなければなりません。

問19 ×

横断歩道を歩行者が横断しようとしているときには、横断歩道の手前で一時停止をして、歩行者に道をゆずらなければなりません。

2-6 安全な速度

●次の問題で正しいものは「○」、誤っているものには「×」と答えなさい。

問1 □
標識や標示で最高速度が指定されていない一般道路では、原動機付自転車は30キロメートル毎時をこえて運転してはならない。

問2 □
停止距離は、空走距離と制動《せいどう》距離を加えた距離である。

問3 □
空走距離とは、運転者が危険を感じてからブレーキを踏み、実際にブレーキがきき始めるまでに車が走る距離である。

問4 □
運転者が危険を感じてからブレーキを踏み、車が停止するまでの距離を制動《せいどう》距離という。

問5 □
車に重い荷物を積んでいるときは、空走距離が長くなる。

問6 □
路面が雨にぬれ、タイヤがすり減っている場合の停止距離は、乾燥した路面でタイヤの状態が良い場合に比べて2倍程度、延びることがある。

問7 □
タイヤがすり減っていると、摩擦抵抗《まさつていこう》が小さくなり、空走距離が長くなる。

解答と解説

問1 ○

標識や標示で最高速度が指定されていない一般道路では、原動機付自転車は30キロメートル毎時をこえて運転してはいけません。

問2 ○

停止距離は、運転者が危険を感じてブレーキを踏んでから実際にきき始め（空走距離）、きき始めてから車が完全に停止するまで（制動距離）の距離です。

問3 ○

空走距離とは、運転者が危険を感じてからブレーキを踏み、ブレーキが実際にきき始めるまでに車が走る距離です。

問4 ×

運転者が危険を感じてからブレーキを踏み、ブレーキが実際にきき始め、車が完全に停止するまでの距離を停止距離といいます。

問5 ×

雨にぬれた道路を走る場合や重い荷物を積んでいる場合などは、制動《せいどう》距離が長くなります。

問6 ○

雨にぬれた路面をすり減ったタイヤで走行する場合の停止距離は、乾燥した路面でタイヤの状態が良い場合に比べて2倍程度、延びることがあります。

問7 ×

タイヤがすり減っていて摩擦抵抗が小さくなると、制動《せいどう》距離が長くなります。

2-6 安全な速度

問8 □

路面が雨にぬれているところでブレーキをかけるときは、ブレーキペダルを力強く一気にかけるのがよい。

問9 □

すべりやすい道路で停止しようとするときは、エンジンブレーキを用いながらブレーキを軽く数回に分けてかけるのがよい。

問10 □

ブレーキは道路の摩擦《まさつ》係数が小さいほど強くかけるのがよい。

問11 □

30キロメートル毎時から20キロメートル毎時に速度を落とせば、徐行《じょこう》となる。

問12 □

道路の曲がり角付近を通行するときは、見通しがきいていても徐行《じょこう》しなければならない。

問13 □

右左折するための進路変更の合図は、進路を変更するときの約３秒前に行う。

問14 □

右左折や転回をする場合の合図は、それらを行う地点の30メートル手前で行うが、徐行《じょこう》や停止をする場合の合図はそのときでよい。

解答と解説

問8 ×
雨にぬれた路面でブレーキを一気にかけると転倒するおそれがあるので、ブレーキは数回に分けて使うようにします。

問9 ○
道路がすべりやすい状態のときは、エンジンブレーキを用いながらブレーキは数回に分けてかけるようにします。

問10 ×
ブレーキは道路の摩擦係数が小さいとスリップを起こしやすいので、弱くかけます。

問11 ×
徐行とは、車がすぐ停止できるような速度で進むことをいうので、20キロメートル毎時では徐行にはなりません。一般に10キロメートル毎時以下を徐行といいます。

問12 ○
道路の曲がり角付近は見通しのよい悪いに関係なく、徐行しなければなりません。

問13 ○
同一方向に進行しながら進路を右方または左方に変えるときには、進路を変えようとするときの約3秒前に合図を行います。

問14 ○
右左折や転回をしようとする場合は、それらを行う地点から30メートル手前の地点に達したときに合図を行い、徐行や停止はそのときに合図を行います。

2-6 安全な速度

問15 □

交差点（環状交差点《かんじょうこうさてん》を除く）で右折するときの合図は、その交差点の中心から30メートル手前の地点に達したときに、しなければならない。

問16 □

方向指示器による合図と合わせて、手による合図を行ってはならない。

問17 □

右左折などの行為が終わったときの合図を止める時期は、右左折の行為が終わった３秒後である。

問18 □

「警笛区間《けいてきくかん》」の標識がなくても、見通しの悪い交差点を通行するときは、警音器《けいおんき》を鳴らさなくてはならない。

問19 □

警音器《けいおんき》は、「警笛《けいてき》鳴らせ」の標識がある場所を通るときや、「警笛区間《けいてきくかん》」の標識のある区間内で見通しのきかない曲がり角や上り坂の頂上を通るときには、鳴らさなくてはならない。

解答と解説

問15 ×

交差点（環状交差点《かんじょうこうさてん》を除く）で右折するときの合図は、その交差点の手前の側端から30メートル手前の地点に達したときに、しなければなりません。

問16 ×

夕日の反射などによって方向指示器が見えにくい場合には、方向指示器の操作と合わせて、手による合図を行うようにします。

問17 ×

右左折などの行為が終わったときは、速やかに合図をやめなければなりません。

問18 ×

「警笛区間」の標識のある区間内で見通しのきかない交差点を通るときなどや、危険を避けるためにやむを得ない場合以外は、鳴らすことができません。

問19 ○

警音器は、「警笛鳴らせ」の標識がある場所を通るときや、「警笛区間」の標識のある区間内で見通しのきかない交差点、曲がり角、上り坂の頂上を通るときなどには、鳴らさなくてはなりません。

2-7 追越しなど

●次の問題で正しいものは「○」、誤っているものには「×」と答えなさい。

問1 □

追抜《おいぬ》きとは車が進路を変えずに、進行中の前の車の前方に出ることである。

問2 □

前の原動機付自転車がその前の自動車を追《お》い越《こ》そうとしているとき、その原動機付自転車を追い越し始めれば、二重追越《おいこ》しとなる。

問3 □

前の車を追《お》い越《こ》す場合、追い越した車の進行を妨げなければ道路の左側に戻れないときは、追越《おいこ》しをしてはならない。

問4 □

道路の曲がり角付近では、追越《おいこ》しをしてはならない。

問5 □

こう配の急な上り坂は追越《おいこ》し禁止だが、こう配の急な下り坂は追越し禁止ではない。

問6 □

車両通行帯のあるトンネルで追越《おいこ》しをするときは、進路を変えたり、その横を通り過ぎてもよい。

問7 □

交差点の手前から30メートル以内の場所であっても、一方通行の道路であれば、追越《おいこ》しをしてもよい。

解答と解説

問1 ○

追越《おいこ》しとは、車が進路を変えて、進行中の前の車の前方に出ることをいい、追抜きとは、車が進路を変えないで、進行中の前の車の前方に出ることをいいます。

問2 ○

前の原動機付自転車がその前の「自動車」を追い越そうとしているとき、その原動機付自転車を追い越し始めれば、二重追越しとなります。

問3 ○

前の車の進行を妨げなければ道路の左側部分に戻ることができないようなときは、追越しをしてはいけません。

問4 ○

道路の曲がり角付近では、自動車や原動機付自転車を追い越すため、進路を変えたり、その横を通り過ぎたりしてはいけません。

問5 ×

こう配の急な下り坂は追越し禁止ですが、こう配の急な上り坂は追越し禁止ではありません。

問6 ○

車両通行帯のあるトンネルでは、追越しは禁止されていません。

問7 ×

優先道路を通行している場合を除き、交差点とその手前から30メートル以内の場所は追越し禁止です。

2-7 追越しなど

問8 □

優先道路を通行しているときでも、踏切とその手前30メートル以内の場所では、他の自動車や原動機付自転車を追《お》い越《こ》すため進路を変えたり、その横を通り過ぎたりしてはならない。

問9 □

交通整理の行われていない横断歩道の手前30メートルは、原動機付自転車や自動車を追《お》い越《こ》してはならないが、追抜《おいぬ》きはしてもよい。

問10 □

自転車横断帯に近づいたときに横断する自転車がいないことが明らかな場合は、その手前30メートル以内の場所で追《お》い越《こ》してもよい。

問11 □

バス停留所の標示板から前後に10メートル以内の場所は、バスの運行時間に限って追越《おいこ》しが禁止されている。

問12 □

前方の車を追《お》い越《こ》すときは、その車が右折するため道路の中央に寄って通行しているときなどのほかは、その車の右側を追い越さなければならない。

問13 □

路面電車を追《お》い越《こ》そうとするときは、その左側を通行しなければならない。

解答と解説

問8
○
踏切とその手前から30メートル以内の場所では優先道路を通行しているときでも、車を追い越すために進路を変えたり、その横を通り過ぎたりしてはいけません。

問9
×
横断歩道とその手前30メートル以内の場所は車を追い越すためや追い抜くために進路を変えたり、その横を通り過ぎたりしてはいけません。

問10
×
横断する自転車がいるいないに関係なく、自転車横断帯とその手前から30メートル以内の場所は追越《おいこ》しが禁止されています。

問11
×
バス停留所の標示板から10メートル以内は、バスの運行時間に限って駐停車が禁止されていますが、追越し禁止場所ではありません。

問12
○
前方の車を追い越すときは、その右側を通行しなければなりません。しかし、その車が右折するため、道路の中央（一方通行の道路では、右端）に寄って通行しているときは、その左側を通行します。

問13
○
原則として路面電車を追い越そうとするときは、その左側を通行しなければなりません。

2-7 追越しなど

問14 □

追《お》い越《こ》されるときは、追越《おいこ》しが終わるまで速度を上げてはならない。

問15 □

前方の車を追《お》い越《こ》そうとするときは、まず、その場所が追越《おいこ》し禁止の場所でないかを確かめる。

問16 □

前の車が踏切や交差点などで停止や徐行《じょこう》しているときは、その車の前に割り込んだり、その前を横切ったりしてはならない。

問17 □

進路の前方に障害物があるときは、一時停止か減速して、反対方向からの車に道をゆずらなければならない。

問18 □

安全地帯の左側とその前後10メートル以内の場所は、追越《おいこ》し禁止である。

問19 □

追越《おいこ》しをするときは、前方の安全を確かめ、ミラーなどで右側や右斜め後方の安全も確かめてから行う。

問20 □

追越《おいこ》しをする場合は、合図を出してから約3秒後に、進路をゆるやかに右にとる。

解答と解説

問14 ○

追い越されるときは、追越しが終わるまで速度を上げてはいけません。

問15 ○

追越しをするときには、その場所が追越し禁止でないことを確かめます。

問16 ○

前の車が交差点や踏切などで停止や徐行しているときは、その車の前に割り込んだり、その前を横切ってはいけません。

問17 ○

進路の前方に障害物があるときは、あらかじめ一時停止か減速をして、反対方向からの車に道をゆずります。

問18 ×

安全地帯の左側とその前後 10 メートル以内の場所は、駐《ちゅう》停《てい》車《しゃ》禁《きん》止《し》の場所ですが、追越し禁止の場所ではありません。

問19 ○

追越しをするときには、前方の安全を確かめるとともに、ミラーなどで右側や右斜め後方の安全を確かめます。

問20 ○

追越しをするときには、合図を出してから約３秒後、最高速度の制限内で加速しながら、進路をゆるやかに右にとります。

2-7 追越しなど

問21 □

追越《おいこ》しが終わったら、すぐ、追《お》い越《こ》した車の前に出るのがよい。

問22 □

普通乗用自動車が原動機付自転車に追いつかれても、追越《おいこ》しのために進路をゆずる必要はない。

問23 □

追越《おいこ》しをするときは、なるべく追《お》い越《こ》す車との間を狭くするとよい。

問24 □

原動機付自転車で前車を追《お》い越《こ》そうとするときは、左右どちらから追い越してもよい。

問25 □

横断歩道とその前後30メートル以内の場所は追《おい》越《こ》し禁止である。

問26 □

道路の曲がり角付近、上り坂の頂上付近やこう配の急な坂では追越《おいこ》しが禁止されている。

解答と解説

問21 ×

追越しをするときには、追い越した車との間に十分な距離がとれるまでそのまま進み、進路をゆるやかに左にとります。

問22 ×

追越しに十分な余地《よち》のない場合は、自動車や原動機付自転車に関係なく、できるだけ左に寄り進路をゆずります。

問23 ×

追い越す車との間に安全な間隔を保ちながら、追越しをします。

問24 ×

原則として、前方の車を追い越すときは、その右側を追い越さなければなりません。

問25 ×

横断歩道とその手前から 30 メートル以内の場所は追越し禁止です。

問26 ×

道路の曲がり角付近、上り坂の頂上付近やこう配の急な下り坂では追越しが禁止されています。こう配の急な上り坂は追越しは禁止されていません。

2-8 交差点の通り方

●次の問題で正しいものは「○」、誤っているものには「×」と答えなさい。

問1 □

四輪車は左折のとき、内輪差《ないりんさ》（曲がるとき後輪が前輪よりも内側を通る）が生じるが、右折のときは生じない。

問2 □

交差点で、左折しようとするときは、その直前に道路の左側に寄るようにしなければならない。

問3 □

車両通行帯のない交差点（環状交差点《かんじょうこうさてん》を除く）を右折するときは、あらかじめ道路の中央に寄り、交差点の中心のすぐ外側を徐行《じょこう》して進行しなければならない。

問4 □

交差点で右折や左折をするときには、必ず徐行《じょこう》しなければならない。

問5 □

交差点（環状交差点《かんじょうこうさてん》を除く）で右折しようとするとき、その交差点を反対方向から直進する車があるときは、自分の車が先に交差点に入っても直進車を優先させる。

問6 □

車両通行帯のある道路で、標識等によって交差点で進行する方向ごとに通行区分が指定されている場合に、緊急《きんきゅう》自動車が近づいて来たときには、指定された区分に従って通行しなくてもよい。

解答と解説

問1 ×

内輪差は四輪車が曲がるとき後輪が前輪より内側を通ることによる前後輪の軌跡《きせき》の差をいい、左折や右折のときに生じます。

問2 ×

交差点で左折しようとするときは、あらかじめできるだけ道路の左端に寄らなければなりません。

問3 ×

交差点（環状交差点《かんじょうこうさてん》を除く）を右折するときは、あらかじめ道路の中央に寄り、交差点の中心のすぐ内側を徐行しながら通行しなければなりません。

問4 ○

右折や左折をするときは、徐行して行います。

問5 ○

右折しようとする場合に、その交差点（環状交差点《かんじょうこうさてん》を除く）で直進か左折をする車があるときは、自分の車が先に交差点に入っていても、その車の進行を妨げてはいけません。

問6 ○

車両通行帯のある道路で、標識等によって交差点で進行する方向ごとに通行区分が指定されているときには、緊急自動車が近づいて来た場合や道路工事などでやむを得ない場合のほかは、指定された区分に従って通行しなければなりません。

2-8 交差点の通り方

問7 □

前方の交通が混雑しているため、そのまま交差点に入ると交差点内で止まってしまい、交差方向の車の通行を妨げるおそれがあるときは、信号が青でも交差点に入ることはできない。

問8 □

道幅が異なる交通整理《こうつうせいり》が行われていない交差点（環状交差点《かんじょうこうさてん》を除く）で、道幅の広い道路を通行している場合には、左方からくる車があっても、そのまま通行することができる。

問9 □

交通整理《こうつうせいり》の行われていない交差点（環状交差点《かんじょうこうさてん》を除く）の交差する道路が優先道路である場合は、徐行《じょこう》するとともに交差する道路を通行する車や路面電車の進行を妨げてはならない。

問10 □

交通整理《こうつうせいり》が行われていない道幅が同じような交差点（環状交差点《かんじょうこうさてん》を除く）では、自分の車が通行している道路と交差する道路を、左方から進行してくる車の進行を妨げてはならない。

問11 □

交通整理《こうつうせいり》の行われていない交差点（環状交差点《かんじょうこうさてん》を除く）に入ろうとしたとき、右方から路面電車が接近してきたので、路面電車の進行を妨げないようにした。

解答と解説

問7
〇

前方の交通が混雑しているため交差点内で止まってしまい、交差方向の車の通行を妨げるおそれがあるときは、信号が青でも交差点に入ることはできません。

問8
〇

交通整理が行われていない道幅が異なる交差点（環状交《かんじょうこう》差点《さてん》を除く）では、道幅の狭い道路を通行している車は、道幅の広い道路を通行している車の進行を妨げてはいけません。

問9
〇

交通整理の行われていない交差点（環状交差点《かんじょうこうさてん》を除く）の交差する道路が優先道路であるときは、徐行するとともに、交差する道路を通行する車や路面電車の進行を妨げてはいけません。

問10
〇

交通整理が行われていない道幅が同じような交差点（環《かん》状交差点《じょうこうさてん》を除く）では、路面電車や左方からくる車があるときは、路面電車や左方からくる車の進行を妨げてはいけません。

問11
〇

交通整理の行われていない交差点（環状交差点《かんじょうこうさてん》を除く）に入ろうとするときに、路面電車が接近してきたときは、路面電車が優先します。

2-9 駐車と停車

●次の問題で正しいものは「○」、誤っているものには「×」と答えなさい。

問1 □

駐車禁止《ちゅうしゃきんし》の場所であっても、人がくるのを待つための停止は違反にはならない。

問2 □

駐車禁止《ちゅうしゃきんし》の場所で、荷物を待つために長時間、車を止めておいてもエンジンをかけておけば、駐車違反にはならない。

問3 □

坂の頂上付近とこう配の急な坂は上りも下りも駐停車禁止《ちゅうていしゃきんし》である。

問4 □

車両通行帯のあるトンネルの中では、停車《ていしゃ》することが認められている。

問5 □

交差点とその端から5メートル以内の場所は、駐車《ちゅうしゃ》のみ禁止である。

問6 □

駐停車《ちゅうていしゃ》が禁止されている場所では、たとえ危険防止といえども停止してはならない。

問7 □

道路の曲がり角から5メートル以内の場所は、駐停車《ちゅうていしゃ》することができない。

解答と解説

問1 ×

人を待つための停止は駐車《ちゅうしゃ》になるので、駐車が禁止されている場所では、違反になります。

問2 ×

荷待ちのため長時間、車を止めておくことは駐車となるため、駐車違反になります。

問3 ○

坂の頂上付近とこう配の急な坂は、上りも下りも駐停車が禁止されています。

問4 ×

トンネルの中は車両通行帯のあるなしにかかわらず、駐停車禁止です。

問5 ×

交差点とその端から５メートル以内の場所は、駐停車禁《ちゅうていしゃきん》止《し》の場所です。

問6 ×

駐停車が禁止されている場所であっても、警察官の命令や危険防止のため一時停止する場合などは、これらの場所に停止することができます。

問7 ○

道路の曲がり角から５メートル以内の場所は、駐停車禁止です。

2-9 駐車と停車

問8 □

横断歩道の端から手前5メートル以内の場所では停車《ていしゃ》はできないが、横断歩道の端から先5メートル以内の場所は停車できる。

問9 □

踏切とその端から前後10メートル以内の場所は、駐車《ちゅうしゃ》も停車《ていしゃ》もしてはならない。

問10 □

安全地帯の左側とその前後10メートル以内の場所は、駐停車《ちゅうていしゃ》が禁止されている。

問11 □

バス停の標示板から10メートル以内の場所はバスの運行時間中に限り駐停車《ちゅうていしゃ》禁止であるが、運行時間外で標識などにより駐停車が禁止されていなければ、バス以外の車も駐停車できる。

問12 □

火災報知機から1メートル以内の場所での駐車《ちゅうしゃ》は禁止されているが、停車《ていしゃ》は禁止されていない。

問13 □

駐車場、車庫などの自動車専用の出入口から3メートル以内の場所では、駐車《ちゅうしゃ》も停車《ていしゃ》もできない。

問14 □

道路工事の区域の端から5メートル以内の場所は、運転者がすぐ運転できる状態での荷物の積《つみ》卸《おろ》しのための停車《ていしゃ》は認められている。

解答と解説

問8 ✕

横断歩道とその端から前後に5メートル以内の場所は、駐停車禁止《ちゅうていしゃきんし》です。

問9 ○

踏切とその端から前後10メートル以内の場所は、駐停《ちゅうてい》車禁止《しゃきんし》の場所です。

問10 ○

安全地帯の左側とその前後10メートル以内の場所は、駐停車禁止です。

問11 ○

バス、路面電車の停留所の標示板（標示柱）から10メートル以内の場所では、運行時間中に限り、駐停車が禁止されています。

問12 ○

火災報知機から1メートル以内の場所は、駐車のみが禁止されています。

問13 ✕

駐車場、車庫などの自動車専用の出入口から3メートル以内の場所では、駐車は禁止されていますが、停車は禁止されていません。

問14 ○

道路工事の区域の端から5メートル以内の場所では、駐《ちゅう》車《しゃ》は禁止されていますが、停車は禁止されていません。

2-9 駐車と停車

問15 □

消防用防火水そうの取り入れ口から5メートル以内の場所では、駐車《ちゅうしゃ》も停車《ていしゃ》もすることはできない。

問16 □

消防用機械器具の置場と、その道路に接する出入口から5メートル以内の場所では、停車《ていしゃ》することができる。

問17 □

駐車《ちゅうしゃ》した場合に、車の右側の道路上に3.5メートル以上の余地《よち》がなかったが、他の通行車両も少なく、他の通行を妨げないと判断し駐車した。

問18 □

歩道や路側帯《ろそくたい》のない道路に駐車《ちゅうしゃ》するときは、左端に0.75メートル以上の余地《よち》をあけなければならない。

問19 □

1本の白線によって区分されている路側帯で、その幅が1メートル以上ある場合、その場所に駐車《ちゅうしゃ》するときは路側帯に入り0.75メートルの余《よ》地《ち》を残さなければならない。

問20 □

歩道の幅が0.75メートル以上ある道路で駐車《ちゅうしゃ》するときには、歩道に入って0.75メートルの余地をあけて駐車できる。

問21 □

道路に平行して駐車《ちゅうしゃ》や停車《ていしゃ》をしている車の右側には、駐車や停車をしてはならない。

解答と解説

問15 ×

消防用防火水そうの取り入れ口から５メートル以内の場所は、駐車のみ禁止です。

問16 ○

消防用機械器具の置場、消防用防火水そう、これらの道路に接する出入口から５メートル以内の場所は、駐車のみが禁止されています。

問17 ×

駐車した場合に、車の右側の道路上に3.5メートル以上の余地がないときに駐車できるのは、荷物の積卸《つみおろ》しで運転者がすぐ運転できるときや、傷病者の救護《きゅうご》のためやむを得ないときだけです。

問18 ×

歩道や路側帯のない道路に駐車するときは、道路の左端に沿って行います。

問19 ○

１本の白線によって区分されている路側帯でその幅が１メートル以上ある場合には、車の左側に0.75メートル以上の余地をあければ、その路側帯に入って駐車することができます。

問20 ×

歩道上に駐車や停車《ていしゃ》をすることはできません。

問21 ○

道路に平行して駐停車している車と並んで駐停車することはできません。

2-9 駐車と停車

問22 □
違法駐車《ちゅうしゃ》している車の運転者が、警察官に移動を命じられたときには、ただちにその車を移動しなければならない。

問23 □
駐車禁止《ちゅうしゃきんし》でない場所に駐車《ちゅうしゃ》するときは、昼夜を問わず同じ場所に引き続き12時間まで駐車することができる。

問24 □
原動機付自転車が故障して、やむを得ず駐車が禁止されている道路上で駐車《ちゅうしゃ》する場合は、「故障」と書いた紙を張っておけばよい。

問25 □
原動機付自転車から離れるときは、盗難防止のためハンドルロックをして、エンジンキーを抜いておく。

問26 □
違法駐車したため放置車両確認標章が取り付けられた場合、運転者はこれを取り除くことができる。

問27 □
こう配の急な上り坂であっても、5分以内の荷物の積卸《つみおろ》しであれば停車《ていしゃ》することができる。

解答と解説

問22
○
違法に駐車している車の運転者などは、現場で警察官などにその車を移動するように命じられたときには、ただちにその車を移動しなければなりません。

問23
×
駐車禁止でない場所であっても原則として同じ場所に引き続き12時間以上、夜間は８時間以上駐車することはできません。

問24
×
故障のために道路上に駐車する場合でも、できるだけ早く駐車が禁止されていない場所で、他の交通の妨げにならない場所に移動しなければなりません。

問25
○
原動機付自転車から離れるときは、盗難防止のためU字ロックやチェーンロックなどをかけておきます。

問26
○
放置車両確認標章は、車の使用者、運転者やその車の管理について責任がある者が、取り除くことができます。

問27
×
こう配の急な坂は、駐停車禁止の場所なので、荷物の積卸しのための停車はすることができません。

2-10 危険な場所などの運転

●次の問題で正しいものは「○」、誤っているものには「×」と答えなさい。

問1 □
踏切を通過しようとするときは、その直前（停止線があるときはその直前）で一時停止をして、安全を確かめなければならない。

問2 □
見通しの悪い踏切では自分の目で確認できる位置まで徐行《じょこう》して踏切内に入り、安全を確かめるようにする。

問3 □
踏切に信号機がある場合、青信号であれば一時停止しないで信号機に従って通過できる。

問4 □
踏切を通過するときは、踏切の向こう側が混雑していて踏切内で動きがとれなくなるおそれがあるときは、踏切内に入ってはならない。

問5 □
踏切を通るときは、対向車に注意をし、できる限り左端に寄って通過するのがよい。

問6 □
踏切内で車が故障したとき、発煙筒などを使い切ってしまったときは、煙の出やすいものを燃やしたりして合図をすることも必要である。

問7 □
下り坂では加速がつき停止距離が長くなるので、車間距離は広くあけたほうがよい。

解答と解説

問1
○
踏切を通過しようとするときは、その直前（停止線があるときはその直前）で一時停止をし、安全を確かめなければなりません。

問2
×
踏切では、踏切の直前で必ず一時停止し、安全を確認します。このとき見通しが悪いときには、自分の目と耳で左右の安全を確認します。踏切内での徐行は危険です。

問3
○
信号機のある踏切では、信号に従えば一時停止せずに通過することができますが、安全確認は行なわなければなりません。

問4
○
踏切の向こう側が混雑しているため、そのまま進むと踏切内で動きがとれなくなるおそれがあるときは、踏切内に入ってはいけません。

問5
×
踏切内では、歩行者や対向車に注意しながら、落輪《らくりん》しないように、やや中央寄りを通ります。

問6
○
発煙筒などがなかったり、使い切ってしまったりしたときは、煙の出やすいものを付近で燃やすなどして合図をします。

問7
○
下り坂では加速がつき、停止距離が長くなるので、車間距離を広くとります。

2-10 危険な場所などの運転

問8 □ 長い下り坂では、フットブレーキをひんぱんに使いすぎると、ブレーキがきかなくなることがあるので、低速ギアを用い、エンジンブレーキを活用するのがよい。

問9 □ 狭い坂道で行き違いができないときは、下りの車は加速がつくので、上りの車が道をゆずる。

問10 □ 片側が転落のおそれのあるがけになっている道路での行き違いは、がけ側の車が一時停止をして、反対側の車に道をゆずる。

問11 □ 見通しの悪い左カーブでは、中央線寄りを走行したほうがカーブの先を見やすいので、安全である。

問12 □ 夜間、自分の車のライトと対向車のライトで、道路の中央付近の歩行者などが見えなくなること（蒸発現象）がある。

問13 □ 一般道路のトンネルの中で50メートル前方まで確認できる照明がついている場合は、前照灯などをつけなくてもよい。

問14 □ 夜間、道路を通行するときでも、街路灯などで明るいときは、前照灯などをつけなくてもよい。

解答と解説

問8 ○
下り坂では、低速のギアを用い、エンジンブレーキを活用します。

問9 ×
坂道では、上り坂での発進が難しいため、下りの車が、上りの車に道をゆずります。

問10 ○
片側が転落のおそれのあるがけになっている道路で、安全な行き違いができないときは、がけ側の車が一時停止をして、がけ側と反対側の車に道をゆずります。

問11 ×
見通しの悪い左カーブでは、中央線からはみ出して走行してくる対向車との衝突《しょうとつ》のおそれがあるので、できるだけ左寄りを走行します。

問12 ○
夜間の走行中には、自分の車のライトと対向車のライトで、道路の中央付近の歩行者が見えなくなること（蒸発現象）があります。

問13 ○
昼間でもトンネルの中などで、50メートル先まで見えるような照明のついている場所を通行するときには、前照灯などをつけなくてもかまいません。

問14 ×
夜間、道路を通行するときは、前照灯、車幅灯、尾灯などをつけなければなりません。

2-10 危険な場所などの運転

問15 □
夜間、交通量の多い市街地の道路では、危険が多いので、常に前照灯を上向きにして運転するのがよい。

問16 □
夜間、見通しの悪い交差点で自車の接近を知らせるために、前照灯を点滅《てんめつ》した。

問17 □
雨の日は、視界が悪いので対向車との接触を避けるため、山道などではできるだけ路肩《ろかた》に寄って通行したほうがよい。

問18 □
雪道では、横すべりが起こりやすいので、急発進、急加速、急ハンドルは絶対に避けなければならない。

問19 □
霧のときは、霧灯や前照灯を早めにつけ、危険防止のため必要に応じて警音器《けいおんき》を鳴らすのがよい。

問20 □
霧の中では、道路の中央線やガードレール、前の車の尾灯などを目安にし、速度を落として運転する。

問21 □
ぬかるみなどで車輪がから回りするときは、エンジンの回転数を上げ、一気に出るようにするとよい。

解答と解説

問15 ×

夜間、交通量の多い市街地の道路などでは、常に前照灯を下向きに切り替えて運転します。

問16 ○

夜間、見通しの悪い交差点やカーブなどの手前では、前照灯を上向きに切り替えるか点滅して、ほかの車や歩行者に交差点などへの接近を知らせます。

問17 ×

山道などでは地盤がゆるんでいることがあるので、路肩に寄りすぎないようにします。

問18 ○

雪道では、ハンドルやブレーキの操作《そうさ》は特に慎重にします。急発進、急ブレーキ、急加速、急ハンドルは絶対にやめます。

問19 ○

霧のときは、霧灯や前照灯を早めにつけ、危険防止のため、必要に応じ警音器を使います。

問20 ○

霧は視界を極めて狭くするので、中央線やガードレール、前の車の尾灯を目安にし、速度を落として運転します。

問21 ×

ぬかるみなどで車輪がから回りするときは、古毛布、砂《じゃ》利《り》などがあれば、それをすべり止めに使うと効果的です。

2-10 危険な場所などの運転

問22 □ 走行中にタイヤがパンクしたときは、おもわぬ方向に進むと危険なので、ハンドルをしっかり握り、急ブレーキをかけて車を早く停止させることが大切である。

問23 □ 後輪が横すべりを始めたときは、ブレーキをかけず、ハンドルで車の方向を立て直すようにするのがよい。

問24 □ 対向車と正面衝突《しょうとつ》のおそれが生じたときは、警《けい》音器《おんき》とブレーキを同時に使い、できる限り左側によけ、衝突の寸前まであきらめないで、少しでもブレーキとハンドルでかわすのがよい。

問25 □ 雪道や凍りついた道では、横すべりや横転しないように、速度を十分落として運転する。

問26 □ 夜間、車を運転して対向車と行き違うときは相手に注意を与えるため、前照灯を上向きにしたまま通行するほうが安全である。

問27 □ 夜間は歩行者も交通量も少ないので、昼間よりも速度を上げて走行しても安全である。

解答と解説

問22 ×

走行中にタイヤがパンクしたときは、ハンドルをしっかりと握り、車の方向を直すことに全力を傾けます。急ブレーキを避け、断続的にブレーキを踏んで止めます。

問23 ○

後輪が横すべりを始めたときは、ブレーキをかけてはいけません。まずアクセルをゆるめ、同時にハンドルで車の向きを立て直すようにします。

問24 ○

対向車と正面衝突のおそれが生じたときは、警音器とブレーキを同時に使い、できる限り左側によけます。衝突の寸前まであきらめないで、少しでもブレーキとハンドルでかわすようにします。

問25 ○

雪道や凍結《とうけつ》した道路はたいへんすべりやすいので、車を運転するときは、速度を十分に落とします。

問26 ×

夜間、対向車と行き違うときは、前照灯を減光《めっこう》するか、下向きに切り替えなければなりません。

問27 ×

夜間は見えにくいので、昼間より速度を落として慎重に運転します。少しでも危ないと感じたときは、まず速度を落とすことが大切です。

2-11 二輪車の運転方法

●次の問題で正しいものは「○」、誤っているものには「×」と答えなさい。

問1 □

二輪車は体で安定を保ちながら走り、停止すれば安定を失うという構造上の特性を持っており、四輪車とは違った運転技術が必要である。

問2 □

二輪車を選ぶときには、二輪車にまたがったときに両足のつま先が地面にとどくものがよい。

問3 □

二輪車を選ぶときは、８の字型に押して歩くことが完全にできるかどうか、平地でサイドスタンドを立てることが楽にできるかどうかを確かめることが大切である。

問4 □

二輪車を運転するときは、工事用安全帽を乗車用ヘルメットとして使用してはならない。

問5 □

夜間、二輪車に乗るときは、反射性の衣服または反射材のついた乗車用ヘルメットを着用するとよい。

問6 □

二輪車の点検は、ブレーキのあそびやききは十分か、ハンドルは重くないか、車輪にガタやゆがみはないか、ワイヤーが引っかかっていないかどうかなどを、点検しなければならない。

解答と解説

問1 ○

二輪車は手軽な乗り物であると気を許さないで、常に慎重に運転します。

問2 ○

二輪車の選定にあたっては、またがったときに両足のつま先が地面にとどくものにします。

問3 ×

平地でセンタースタンドを立てることが楽にできるものを選びます。サイドスタンドではありません。

問4 ○

工事用安全帽は乗車用ヘルメットではないので、工事用安全帽を使用して運転することはできません。

問5 ○

夜間は、反射性の衣服または反射材のついた乗車用ヘルメットを着用するようにします。

問6 ○

二輪車の点検では、ブレーキ、車輪、タイヤ、チェーン、ハンドル、灯火《とうか》、バックミラー、マフラーなどを見ます。

2-11 二輪車の運転方法

問7 □
二輪免許を取得して1年未満の運転者は、運転者以外の者を乗車させ二人乗りをしてはならない。

問8 □
二輪車のチェーンは、ゆるみがなく張りすぎているくらいのほうがよい。

問9 □
二輪車のチェーンの張り具合は、指でチェーンの中央部を押してみて点検する。

問10 □
排出ガスの色が白色または淡青色であれば、エンジンは正常である。

問11 □
二輪車の正しい乗車姿勢は、ステップに土踏まずをのせ、足の裏が水平になるようにし、足先が前を向き、タンクを両ひざでしめるのがよい。

問12 □
二輪車の乗車姿勢は、手首を下げハンドルを手前に引くような気持ちで、グリップを軽く持ち、肩の力を抜き、ひじをわずかに曲げ、背すじを伸ばして、視線を先の方に向けるのがよい。

問13 □
二輪車は機動性に富んでおり、小回りがきくので、交通渋滞《じゅうたい》のときは、車の間をぬって走ったり、路側帯《ろそくたい》を走れるという利点がある。

解答と解説

問7 ○

二輪免許を取得して1年を経過していない者が運転するときには、二人乗りをすることはできません。

問8 ×

二輪車のチェーンは、ゆるみすぎていたり、張りすぎていたりしない状態にしておきます。

問9 ○

チェーンの張り具合の点検は、指でチェーンの中央部を押して2～3センチメートル程度のあそびがあるかを見ます。

問10 ×

排出ガスの色が無色または淡青色であれば、エンジンは正常です。白色の排出ガスが出るのは、過剰なオイルが燃焼しているためです。

問11 ○

ステップに土踏まずをのせて、足の裏がほぼ水平になるようにし、足先がまっすぐ前方に向くようにして、タンクを両ひざでしめるようにします。

問12 ×

二輪車の乗車姿勢は、手首を下げて、ハンドルを前に押すような気持ちでグリップを軽く持ちます。

問13 ×

二輪車は機動性に富んでいますが、車の間をぬって走ったり、ジグザグ運転や無理な追越《おいこ》し、割り込みをしたりしてはいけません。路側帯は通行できません。

2-11 二輪車の運転方法

問14 □ 二輪車を運転してカーブを通行するときは、カーブの途中ではスロットルで速度を加減することが大切である。

問15 □ 二輪車でカーブを曲がるときは、車体を傾けると横すべりしやすいので、車体を傾けないようにしてハンドルを切るとよい。

問16 □ 二輪車でぬかるみや砂利《じゃり》道《みち》を通行するときは、スロットルで速度を一定に保ち、路面の状況によっては立ち姿勢をとって、バランスを保ちながら走行するとよい。

問17 □ 原動機付自転車を運転していて、道路の左側部分に車両通行帯が3つ設けられている交通整理《こうつうせいり》が行われている交差点で、二段階右折をした。

問18 □ 原動機付自転車は2つの車両通行帯があり、信号機などで交通整理が行われている交差点では、二段階の方法により右折しなければならない。

問19 □ 二輪車で幅の広い道路で右折しようとするときは、十分手前から徐々に右側の車線に移るようにしなければならない。

問20 □ 二輪車を運転中にブレーキをかけるときは、エンジンブレーキをきかせながら前後輪のブレーキを同時にかけるとよい。

解答と解説

問14 ○

二輪車でカーブを通行するときは、カーブの途中ではスロットルで速度を加減します。

問15 ×

二輪車でカーブを曲がるときは、ハンドルを切るのではなく、車体を傾けることによって自然に曲がるような要領で行います。

問16 ○

二輪車でぬかるみや砂利道を通行するときは、スロットルで速度を一定に保ち、体でバランスをとりながら通行します。

問17 ○

原動機付自転車で３車線以上ある交差点で右折するときには、小回り右折の標識がなければ二段階右折をしなければなりません。

問18 ×

車両通行帯が２つ以下の道路や小回り右折の標識がある交差点では、自動車と同じ方法により右折しなければなりません。

問19 ○

幅の広い道路で右折しようとするときは、十分手前のところから徐々に右側の車線に移るようにします。左側の車線から急に右側の車線に移ることは大変危険です。

問20 ○

ブレーキをかけるときは、エンジンブレーキをきかせながら前後輪のブレーキを同時にかけます。

2-11 二輪車の運転方法

問21 □

二輪車でエンジンブレーキをかけるとき、ギアをいきなり高速ギアからローギアに入れるとエンジンをいためたり、転倒したりするおそれがあるので、順序よくシフトダウンしなければならない。

問22 □

二輪車で急ブレーキをかけると転倒する危険があるので、ブレーキをかけるときは、一段低いギアに落としてエンジンブレーキを使うとともに、ブレーキは数回に分けてかけるとよい。

問23 □

二輪車でブレーキをかけるとき、乾燥した路面であれば前後輪ブレーキを同時に使うが、そのときに前輪ブレーキをやや強くかけるとよい。

問24 □

オートマチック二輪車は、クラッチ操作がいらない分、スロットルを急に回転させると急発進することがある。

問25 □

変形ハンドルの二輪車に改造することは、運転の妨げとなり危険である。

問26 □

原動機付自転車のエンジンを止めて、横断歩道を押して歩くときには、歩行者用信号に従って横断する。

解答と解説

問21 ○

ギアをいきなり高速からローに入れるとエンジンをいためたり、転倒したりするおそれがあるので、順序よくシフトダウンします。

問22 ○

二輪車で急ブレーキをかけると、車輪の回転が止まり、横すべりを起こす原因になるので、ブレーキは数回に分けて使います。

問23 ○

乾燥した路面でブレーキをかけるときは前輪ブレーキをやや強く、路面がすべりやすいときは後輪ブレーキをやや強くかけます。

問24 ○

オートマチック二輪車は、スロットルを急に回転させると急発進する危険があります。

問25 ○

変形ハンドルは運転の妨げとなるので、このような改造をしてはいけません。

問26 ○

二輪車のエンジンを止め押して歩くときには、歩行者として扱われます。

2-12 事故・故障・災害などのとき

●次の問題で正しいものは「○」、誤っているものには「×」と答えなさい。

問1 □

交通事故が起きたときは、直ちに運転を中止して、他の交通の妨げにならないような安全な場所に車を移動させ、負傷者がいればその救護《きゅうご》を行なわなければならない。

問2 □

交通事故を起こしたとき、後続事故のおそれがある場合でも負傷者が頭部に傷を受けているときには、医師や救急車が到着するまでの間、負傷者を移動してはならない。

問3 □

交通事故を起こしても物の損壊《そんかい》だけの事故であり、現場で示談がついたときは、警察官に報告しなくてもよい。

問4 □

交通事故を目撃しても、事故に関係がないときは、負傷者の救護《きゅうご》などに協力しないほうがよい。

問5 □

ひき逃げを見かけたときは、負傷者を救護し、その車のナンバーや車種などの車の特徴を警察官に届け出る。

問6 □

事故現場には、ガソリンやオイルが流れていることがあるので、タバコを吸ったりしないようにする。

解答と解説

問1 ○

事故の続発防止措置を行なったあと、負傷者がいる場合は、医師、救急車などが到着するまでの間、ガーゼや清潔なハンカチなどで止血するなど、可能な応急処置を行います。

問2 ×

後続事故のおそれがある場合は、早く負傷者を救出して安全な場所に移動させます。

問3 ×

物損事故だけであっても、事故が発生した場所、物の損壊の程度などを警察官に報告し、指示を受けます。

問4 ×

交通事故の現場に居合わせた人は、負傷者の救護、事故車両の移動などについて進んで協力します。

問5 ○

ひき逃げを見かけたときは、負傷者を救護し、その車のナンバーや種類、色など車の特徴を110番通報などで警察官に届け出ましょう。

問6 ○

事故現場には、ガソリンが流れたり、積荷に危険物があったりするので、タバコなどは吸わないようにします。

2-12 事故・故障・災害などのとき

問7 □

やむを得ず一般の車で故障車をけん引するときは、故障車との間に安全な間隔を保ちながら、丈夫なロープなどで確実につなぎ、ロープに白い布を付ける。

問8 □

車を運転中に地震災害に関する警戒宣言が発せられたときは、車を置いて避難する場合、できるだけ道路外の場所に移動しておかなければならない。

問9 □

車を運転中、大地震が発生した場合は、急ハンドル、急ブレーキをさけるなど、できるだけ安全な方法で道路の左側に停止させることが必要である。

問10 □

大地震が発生して車で避難するときは、ほかの避難者に注意して徐行《じょこう》しなければならない。

問11 □

災害が発生し、災害対策基本法により、道路の区間を指定して交通の規制が行われたときは、規制が行われている道路の区間以外の場所に車を移動する。

問12 □

大地震が発生して車を置いて避難するときは、できるだけ道路外に停止させるようにし、道路上に停止させる場合には、避難する人の通行などのじゃまにならない場所に置く。

解答と解説

問7 ○

やむを得ず一般車両でけん引するときは、けん引する車と故障車の間に安全な間隔（5メートル以内）を保ちながら、丈夫なロープなどで確実につなぎ、ロープに白い布（30センチメートル平方以上）を付けます。

問8 ○

車を置いて避難するときは、できるだけ道路外の場所に移動しておかなければなりません。

問9 ○

車を運転中に大地震が発生したときは、急ハンドル、急ブレーキをさけるなど、できるだけ安全な方法により道路の左側に停止させます。

問10 ×

大地震が発生したときは、避難のために車を使用してはいけません。

問11 ○

道路の区間を指定して交通の規制が行われたときは、規制が行われている道路の区間以外の場所へ車を速やかに移動させなければいけません。

問12 ○

やむを得ず道路上に置いて避難する場合には、道路の左側に寄せるなど、避難する人の通行や災害応急対策の実施の妨げにならないような場所に置きます。

2-12 事故・故障・災害などのとき

問13 □ 原動機付自転車を運転中に大地震が発生したので、道路の左側に止めハンドルをロックせず、キーを抜かずに避難した。

問14 □ 車を運転中に大地震が発生したときは、地震情報や交通情報を聞き、その情報や周囲の状況に応じて行動する。

問15 □ 交通事故の場合、相手に過失があって自分に責任がないときは、過失のあった者が警察官に届け出るので、過失のない者は届け出なくてよい。

問16 □ 交通事故で頭部を打ち、相手の体にも衝撃《しょうげき》を与えたが、外傷も見当たらず特に異常がなかったので、医師の診断を受けなかった。

問17 □ 災害発生時に災害対策基本法により、一般車両の通行が禁止されたり、制限されることがある。

解答と解説

問13 ○

車を置いて避難するときは、エンジンを止め、ハンドルをロックせず、キーは付けておきます。

問14 ○

大地震が発生したとき車を運転中の運転者は、できるだけ安全な方法で道路の左側に車を停止させ、地震情報や交通情報を聞き、その情報や周囲の状況に応じて行動します。

問15 ×

事故が発生したときには、警察官に報告し、指示を受けなければなりません。

問16 ×

外傷がなくとも頭部に強い衝撃を受けたときは、必ず医師の診断を受けなければなりません。

問17 ○

警戒制限が発せられた場合、強化地域内での一般車両の通行は禁止され、または制限されます。

重要問題 得点力UP おさらいチェック

学科試験は国家公安委員会が作成した「交通に関する教則」からまんべんなく出題されます。PART2に掲載されているのは基本となる問題で、実際の学科試験問題の中でかなりの割合で出題されたものばかりです。これらをマスターすれば交通ルールの理解も早まりますし、逆にこの基本がわからなければ合格することが難しくなります。

チェックポイント

- □ 問題文は最後までしっかり読んでから解答する。問題のはじめの部分だけを読んで早合点すると、問題の最後で意味がまったく逆になっていたりすることがある。
- □ 数字を正確に覚える（駐車禁止、駐停車禁止の場所、追越し禁止の場所、合図の時期、徐行や一時停止の場所など）。
- □ 標識や標示の意味や目的を理解する。
- □ 駐車と停車の違い、追抜きと追越しの違いなど定義の違いを理解する。

PART 3
ミスを防ぐ ひっかけ問題

① 信号の意味
② 標識・標示の意味
③ 運転する前の心得
④ 運転の方法
⑤ 歩行者の保護
⑥ 安全な速度
⑦ 追越しなど
⑧ 交差点の通り方
⑨ 駐車と停車
⑩ 危険な場所などの運転
⑪ 二輪車の運転方法
⑫ 事故・故障・災害などのとき

赤シートで「解答と解説」をかくせば、答え合わせが簡単！効果的に知識が身につきます。

3-1 信号の意味

●次の問題で正しいものは「○」、誤っているものには「×」と答えなさい。

問1 □
二輪車をエンジンをかけずに押して歩いているときは、歩行者用の信号に従って通行しなければならない（側車付などを除く）。

問2 □
信号機のある車両通行帯のない交差点を原動機付自転車で右折するときは、前方の信号が青で、対向車の進行を妨げなければ小回り右折できる。

問3 □
交差点の中で前方の信号が青色から黄色になったときは、ただちに停止しなければならない。

問4 □
正面の信号が黄色のときは、他の交通に注意しながら進行することができる。

問5 □
信号機が黄色の灯火《とうか》の点滅《てんめつ》信号に対面する歩行者、路面電車、車は他の交通に注意して通行することができる。

問6 □
交差点で正面の信号が赤色の点滅《てんめつ》を表示しているときは、他の交通に注意し、徐行《じょこう》して交差点に入ることができる。

問7 □
信号機が赤色の灯火《とうか》と黄色の灯火の矢印を表示している信号に対面した原動機付自転車は、一時停止をすれば矢印の方向へ進むことができる。

解答と解説

問1 ○

二輪車をエンジンをかけずに押して歩いているときは、歩行者として扱われるので、歩行者用信号に従って通行します。

問2 ○

原動機付自転車は車両通行帯のない交差点で前方の信号が青色なら小回り右折ができますが、この場合、歩行者にも注意しなければなりません。

問3 ×

信号が青色から黄色に変わったときに交差点内を走行しているときには、そのまま交差点を通過することができます。

問4 ×

信号が黄色のときは、安全に停止できない場合を除き、停止位置をこえて進むことはできません。

問5 ○

黄色の灯火の点滅信号では、歩行者や車、路面電車は、他の交通に注意して進むことができます。

問6 ×

赤色の灯火《とうか》の点滅信号では、車や路面電車は停止位置で一時停止し、安全を確認した後に進むことができます。

問7 ×

黄色の灯火の矢印の信号のときには、路面電車は矢印の方向へ進めますが、原動機付自転車など車は進むことができません。

問8 □

信号が赤の灯《とう》火《か》と左折の青色の矢印を表示している交差点では、自動車や原動機付自転車は矢印の方向に進むことができるが、軽車両は進むことができない。

問9 □

交差点で右折する自動車が、信号機が赤色の灯《とう》火《か》と直進・左折の青色の矢印を表示している信号に対面したときは、徐《じょ》行《こう》して交差点の中心まで進み、右折の矢印信号に変わるまで待つ。

問10 □

図１の信号機の信号に対面した原動機付自転車が、小回り右折の標識のある交差点を二段階右折の方法で右折した。

図1

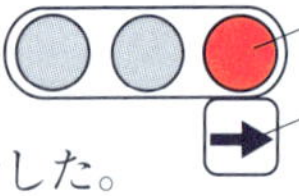

問11 □

信号機の信号が青色の灯《とう》火《か》を表示している交差点の中央で、両腕を横に水平に上げている警察官と対面したときは、交差点手前の停止線で停止しなければならない。

問12 □

信号機が赤色の信号を表示していたが、工事現場のガードマンが進むように合図をしたので、ガードマンの指示に従って徐《じょ》行《こう》して進行した。

問13 □

交差点以外で、横断歩道、自転車横断帯、踏切もないところで、警察官が手信号や灯《とう》火《か》によって黄色または赤信号を表示しているときは、車は警察官の１メートル手前で停止する。

解答と解説

問8
×

赤の灯火と左折の青色の矢印を表示している交差点では、軽車両も矢印の方向に進むことができます。

問9
×

赤色の灯火と直進・左折の青色の矢印を表示している交差点で右折しようとする自動車は、停止線で停止しなければなりません。

問10
×

小回り右折の標識のある交差点では、原動機付自転車は小回り右折（自動車の右折方法と同じ）をしなければなりません。

問11
○

信号機の表示する信号と、警察官や交通巡《こうつうじゅん》視《し》員《いん》の手信号や灯火信号が異なる場合には、警察官等の指示に従わなければなりません。両腕を水平に上げている警察官と対面する交通は、赤色の灯火の信号と同じ意味です。

問12
×

ガードマンは警察官や交通巡《こうつうじゅん》視《し》員《いん》ではないので、その指示に従って信号無視することはできません。

問13
○

交差点以外で横断歩道、自転車横断帯、踏切もないところで、警察官が手信号や灯火によって黄色や赤信号を表示している場合の停止位置は、警察官の1メートル手前です。

3-1 信号の意味

問14

□

図２のように、矢印の交通に対する警察官の手信号の意味はどちらも同じである。

図２

問15

□

警察官が両腕を垂直《すいちょく》に上げたとき、警察官の身体に平行する交通については、注意して進行しなければならない。

問16

□

図３の警察官の灯火《とうか》による信号で、矢印の交通に対しては信号機の黄信号を意味している。

図３

問17

□

警察官が灯火《とうか》を横に振っているとき、警察官の身体に対面する交通は、青色の信号と同じ意味である。

問18

□

交差点の直前で信号が青色から黄色に変わったが、後続車があり急停止すると追突される危険を感じたので、停止せずに交差点を通り過ぎた。

解答と解説

問14 ○

警察官などに対面する交通については、腕を水平に上げているときと腕を垂直《すいちょく》に上げているときは、どちらも赤色の信号と同じ意味です。

問15 ×

警察官が腕を垂直に上げているとき、警察官の身体に平行する交通については、信号機の黄色の信号と同じ意味です。

問16 ×

警察官などの灯火による信号で、警察官などと対面する交通については、信号機の赤色の信号と同じ意味です。

問17 ×

警察官が灯火を横に振っているとき、警察官の身体に対面する交通は赤色の信号と同じ意味です。

問18 ○

黄色の灯火《とうか》に変わったときに交差点の直前まで近づいていて、安全に停止することができない場合は、そのまま交差点を通行することができます。

3-2 標識・標示の意味

●次の問題で正しいものは「○」、誤っているものには「×」と答えなさい。

問1 □

図1の標識のある道路では、普通自動車と原動機付自転車が通行できないことを表している。

図1

問2 □

図2の標識のある場所では、原動機付自転車と軽車両を除く他の車の進入を禁止している。

図2

問3 □

図3の標示は、前方に横断歩道や自転車横断帯があることを表している。

図3

問4 □

図4の標識は、矢印方向以外の通行を禁止することを表している。

図4

問5 □

図5の標識のある道路では、大型自動二輪車と普通自動二輪車の二人乗り通行を禁止している。

図5

問6 □

図6の標識のある道路では、道路の右側部分にはみ出さなくても追越《おいこ》しは禁止されている。

図6

問7 □

図7の標識のある道路では、自動車はすべて通行できない。

図7

解答と解説

問1 ×

問題の標識は普通自動車だけではなく自動二輪車を含むすべての自動車と原動機付自転車の通行ができないことを表示しています。

問2 ×

問題の標識は「車両進入禁止」なので、原動機付自転車を含むすべての車は標識の方向から進入することができません。

問3 ×

問題の標示は「前方優先道路」なので、交差する前方の道路が優先道路であることを表しています。

問4 ○

問題の標識は「指定方向外進行禁止」なので、右左折はできますが、直進はできません。

問5 ○

問題の標識は「大型自動二輪車および普通自動二輪車二人乗り通行禁止」を表示しています。

問6 ○

問題の標識は「追越し禁止」であり、追越しはすべて禁止されています。

問7 ×

問題の標識は「二輪の自動車以外の自動車通行止め」であり、二輪の自動車は通行できます。

3-2 標識・標示の意味

問8 □

図８の標示は前方に横断歩道または自転車横断帯があることをあらかじめ示している。

図8

問9 □

図９の標識のあるところでは駐《ちゅう》車《しゃ》することはできないが、停車《ていしゃ》することはできる。

図9

問10 □

図10の標識は、この先の道路がすべりやすいことを表している。

図10

問11 □

図11の標識では、原動機付自転車のエンジンを止めて押して歩く者の通行は禁止していない。

図11

問12 □

図12の標識のある道路では、原動機付自転車は50キロメートル毎時の速度まで出すことができる。

図12

問13 □

図13の標識のある道路は、普通自動車以外の自動車は通行できないことを表している。

図13

問14 □

図14の標識のある交差点では直進することはできない。

図14

解答と解説

問8 ○

問題の標示は「横断歩道または自転車横断帯あり」を表示しています。

問9 ○

問題の標識は「駐車禁止」なので、この場所では停車ならすることができます。

問10 ×

問題の標識は「右（左）つづら折あり」なので、速度を落として通行します。

問11 ×

問題の標識は「通行止め」なので、歩行者、車、路面電車のすべてが通行できません。

問12 ×

問題の標識は「最高速度50キロメートル毎時」であり、自動車は50キロメートル毎時の速度まで出すことができますが、原動機付自転車の法定最高速度は30キロメートル毎時です。

問13 ×

問題の標識は「自動車専用」なので、ミニカー、総排気《そうはいき》量《りょう》125cc以下の普通自動二輪車、原動機付自転車は通行できません。

問14 ×

問題の標識は「指定方向外進行禁止」であり、直進のみすることができます。

3-2 標識・標示の意味

問15 □

図15の標識のある道路では、原動機付自転車のエンジンを切れば押して歩ける。

図15

問16 □

図16の標示がある道路では、必ず中央線から右側部分にはみ出して通行しなければならない。

図16

問17 □

図17の標識のある道路では、車の右側の道路上に6メートルの余地《よち》があれば駐車《ちゅうしゃ》できる。

図17

問18 □

図18の標識のある車両通行帯では、小型特殊自動車、原動機付自転車、軽車両は通行することができる。

図18

問19 □

図19の標示のある交差点で自動車や原動機付自転車が右折しようとするときは、矢印に従い徐《じょ》行《こう》して通行しなければならない。

図19

問20 □

図20の標識は、自動車の横断が禁止されているが、原動機付自転車は禁止されていない。

図20

解答と解説

問15 ×

問題の標識は「特定小型原動機付自転車・自転車専用」であり、特定小型原動機付自転車・自転車以外の車や歩行者は通行できません。

問16 ×

問題の標示は「右側通行」ですが、できるだけ中央線から右側部分にはみ出さないようにし、はみ出す場合でもできるだけはみ出しかたを少なくします。

問17 ○

問題の標識は「駐車《ちゅうしゃ》余地《よち》」なので、車の右側の道路上に補助標識で示された6メートルの余地があれば駐車できます。

問18 ○

問題の標識は「専用通行帯」なので、指定された車のほか、小型特殊自動車、原動機付自転車、軽車両も通行することができます。

問19 ○

問題の標示は「右左折の方法」なので、自動車や小回り右折をする原動機付自転車は矢印に従い徐行して通行しなければなりません。

問20 ×

問題の標識は「車両横断禁止」なので、右折をともなう横断は原動機付自転車も禁止されています。

3-2 標識・標示の意味

問21 □

図21の標識のある車両通行帯を通行しようとする自動車は、交通が混雑していて路線バスなどが近づいてきても、そこから出られなくなるおそれがあるときは、はじめから通行してはならない。

図21

問22 □

図22の標示がある路側帯では、駐停車《ちゅうていしゃ》をすることはできないが通行することはできる。

図22

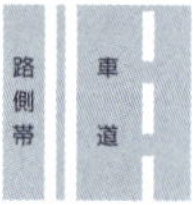

問23 □

図23の標識のある交差点で右折する原動機付自転車は、信号機の信号に従い、自動車と同じ方法で右折しなければならない。

図23

問24 □

図24の標識は、原動機付自転車および軽車両を除く車の通行禁止を表している。

図24

問25 □

図25の標識は、前方にロータリーがあることを表している。

図25

問26 □

図26の標識の意味は、片側２車線の道路の交差点などでも、原動機付自転車は二段階により右折をしなければならないことを表している。

図26

解答と解説

問21 ○

「路線バス等優先通行帯」では、自動車は路線バスなどが近づいてきたときにその通行帯から出られなくなるおそれがあるときは、はじめからその通行帯を通行してはいけません。しかし、右左折するため道路の右端や中央、左端に寄る場合などや、道路工事などでやむを得ない場合は別です。

問22 ×

問題の標示は「歩行者用路《ろ》側《そく》帯《たい》」なので、車はこの路側帯の中に入って駐停車することはできません。通行できるのは歩行者だけです。

問23 ×

問題の標識は「一般原動機付自転車の右折方法(二段階)」なので、軽車両と同じように二段階右折をします。

問24 ×

問題の標識は「車両通行止め」なので、車（自動車、原動機付自転車、軽車両）は通行することができません。

問25 ○

問題の標識は「ロータリーあり」を表示しています。

問26 ×

問題の標識は「一般原動機付自転車の右折方法(小回り)」なので、自動車と同じ右折方法で右折します。

3-2 標識・標示の意味

問27 □

図27の標識のある交差点で停止線がないときは、交差点の直前で停止しなければならない。

図27

問28 □

図28のような路側帯《ろそくたい》では、駐車《ちゅうしゃ》も停車《ていしゃ》もしてはならない。

図28

問29 □

図29の標識のあるところで軌道《きどう》敷《しき》内を通行する車は、後方から路面電車が近づいてきても、軌道敷外に出る規定はない。

図29

問30 □

図30の標識は、二輪の自動車は通行できないが、原動機付自転車は通行できる。

図30

問31 □

図31の標識のある道路を通行している車は、見通しのきかない交差点を通行するときでも徐行《じょこう》しなくてもよい。

図31

問32 □

図32の標識は、自転車および歩行者専用道路であることを表している。

図32

解答と解説

問27 ◯

問題の標識は「一時停止」なので、停止線の直前（停止線がないときは、交差点の直前）で一時停止します。

問28 ◯

問題の標示は「駐停車禁止路側帯」なので、駐停車は禁止されています。

問29 ×

問題の標識は「軌道敷内通行可」ですが、後方から路面電車が近づいてきたときは路面電車の進行を妨げないように速やかに軌道敷外に出るか、十分な距離を保ちます。

問30 ×

問題の標識は「二輪の自動車・一般原動機付自転車通行止め」なので、原動機付自転車も通行できません。

問31 ◯

問題の標識は「優先道路」であり、この道路を通行している車は見通しのきかない交差点でも徐行の必要はありません。

問32 ×

問題の標識は「横断歩道・自転車横断帯」を表しています。

3-2 標識・標示の意味

問33

□

図33の標識のある場所を通行するときは、危険を避けるためやむを得ない場合のほかは、警音《けいおん》器《き》を鳴らしてはならない。

図33

問34

□

図34の標示は原動機付自転車に対してのものなので、普通自動車の運転者は従う必要はない。

図34

問35

□

図35の標識がある区間内で見通しのきかない交差点、曲がり角、上り坂の頂上を通るときには、警音《けいおん》器《き》を鳴らさなければならない。

図35

問36

□

図36の標識は、この先に合流交通の交差点があることを表している。

図36

問37

□

図37の標示板のある交差点では、車は前方の信号が赤色や黄色であっても、信号に従って横断している歩行者や自転車の通行に関係なく左折してよい。

図37

問38

□

図38の標示は、駐車《ちゅうしゃ》や停車《ていしゃ》をすることはできないが、通行することはできる。

図38

解答と解説

問33 ×

問題の標識は「警笛《けいてき》鳴らせ」なので、警音器を鳴らさなければなりません。

問34 ×

問題の標示は「最高速度30キロメートル毎時」であり、自動車も従わなければなりません。

問35 ○

問題の標識は「警笛《けいてき》区間」なので、区間内で見通しのきかない交差点、曲がり角、上り坂の頂上を通るときには、警音器を鳴らさなければなりません。

問36 ○

問題の標識は「合流交通あり」であり、この先に合流部分があります。

問37 ×

「信号に関わらず左折可能であることを示す標示板」のある交差点では、車は信号が赤色や黄色であっても左折することができますが、この場合、信号に従って横断している歩行者や自転車などの通行を妨げてはいけません。

問38 ×

問題の標示は「立入り禁止部分」なので、駐停車が禁止され、この部分に立ち入ることもできません。

問39 □

「指定方向外進行禁止」の標識のある交差点で指定方向外の方向に進行する場合には、一時停止し、安全を確認しなければならない。

問40 □

規制標識とは、道路上の危険や注意すべき状況などを前もって道路利用者に知らせて、注意を促すものである。

問41 □

図39の標識のある場所は原動機付自転車は通行できない。

図39

問42 □

図40の標識は、「前方斜め左の道路への左折以外は通行禁止」の意味を表している。

図40

問43 □

図41の標識のある道路は「火薬類、爆発物、毒物、劇物などの格納倉庫地帯であるので、一般の車は通行禁止」の意味を表している。

図41

問44 □

図42の標示のある場所を通過した原動機付自転車は、30キロメートル毎時の速度を出して進行できる。

図42

解答と解説

問39 ×

「指定方向外進行禁止」の標識のある交差点では、表示されている指定方向以外の方向に進行することはできません。

問40 ×

規制標識とは、特定の交通方法を禁止したり、特定の方法に従って通行するよう指定するものです。記述は警戒標識です。

問41 ×

問題の標識は「特定小型原動機付自転車・自転車通行止め」を表示しているので、原動機付自転車は通行できます。

問42 ×

問題の標識は、前方斜め左の道路への左折を禁止していますが、直進、左折、右折はできることを表しています。

問43 ×

問題の標識は「火薬類、爆発物、毒物、劇物などの危険物を積んでいる車の通行止め」を表示しています。

問44 ○

問題の標示は「終わり」を表示し、規制標示が表示する交通規制の区間の終わりであることを表しています。

3-2 標識・標示の意味

問45 □

図43の標識は「禁猟区域」であることを表している。

図43

問46 □

図44の標識のある場所から5メートル以内の場所に、車を10分間止めても運転者が車から離れなければ違反にはならない。

図44

問47 □

図45の標識のある坂で、原動機付自転車を止め、荷物の配達をした。

図45

問48 □

図46の標示のある道路で原動機付自転車を止め、3分間、荷物の積卸《つみおろ》しをした。

図46

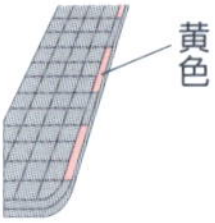

問49 □

図47の標識は、「並進可」を表したものであるから、原動機付自転車は2台まで並んで走ることができる。

図47

問50 □

車が図48の標識のある場所を通行するときは、ただちに停止できるような速度で進行しなければならない。

図48

解答と解説

問45
×

問題の標識は「動物が飛び出すおそれあり」を表示している警戒標識です。

問46
×

問題の標識が設けられている位置から5メートル以内の場所には停車《ていしゃ》をすることはできますが、駐車《ちゅうしゃ》は禁止されています。

問47
×

問題の標識は「上り急こう配あり」を表示し、この急こう配の坂は駐停車禁止《ちゅうていしゃきんし》の場所です。

問48
○

問題の標示は「駐車禁止《ちゅうしゃきんし》」を表示しているので、その場所で停車をすることはできます。

問49
×

問題の標識は、普通自転車が2台並んで走れる意味の標識であって、原動機付自転車ではありません。

問50
○

問題の標識は「右（左）背向屈折あり」を表示しており、曲がり角を通行するときは徐行《じょこう》しなければなりません。

3-2 標識・標示の意味

問51 □

図49の標識は前方に横断歩道があることを表している。

図49

問52 □

図50の標示のある道路では、転回してはならない。

図50

問53 □

図51の標識は優先道路であることを表している。

図51

問54 □

図52の標示がある道路であっても、道路の片側の幅が6メートルに満たない場所では、追《おい》越《こ》しのため最小限の距離なら、その線をはみ出して通行することができる。

図52

問55 □

図53の標識のある交差点を原動機付自転車で右折しようとするときは、十分手前から徐々に中央寄りの車線に移るようにするとよい。

図53

解答と解説

問51 ×

問題の標識は「学校、幼稚園、保育所などあり」を表示しています。

問52 ○

問題の標示は「転回禁止」を表示しています。

問53 ×

問題の標識は「安全地帯」を表示しています。

問54 ×

問題の標示は「追越しのための右側部分はみ出し通行禁止」を表示しているので、道路の右側部分にはみ出しての追越しはできません。

問55 ×

車両通行帯が３つある道路の交差点における原動機付自転車の右折は、原則として二段階右折です。

3-2 標識・標示の意味

問56 □

図54の標識のある場所では追越《おいこ》しが禁止されている。

図54

問57 □

図55の標識のある場所で前方の安全が確認できないときには、必ず警音器《けいおんき》を鳴らさなければならない。

図55

問58 □

図56の標示のある場所の手前でUターンしても違反ではない。

図56

問59 □

図57の標識は、がけ崩れによる通行禁止を表している。

図57

問60 □

図58の標識のあるところでは、車は必ず一時停止しなければならない。

図58

解答と解説

問56 ○

問題の標識は「下り急こう配あり」を表示しているので、この場所では追越しが禁止されています。

問57 ×

問題の標識は「右（左）方屈曲あり」を表示していますが、警音器については規定されていません。

問58 ×

問題の標示は「転回禁止の終わり」を表示しているので、その手前でUターンした場合は違反になります。

問59 ×

問題の標識は「落石のおそれあり」を表示しています。

問60 ×

問題の標識は「停止線」を表示しているので、交差点での赤信号などで車が停止する場合の停止位置を表しています。

3-3 運転する前の心得

●次の問題で正しいものは「○」、誤っているものには「×」と答えなさい。

問1 □
有効期限の切れた運転免許証であっても、3カ月以内であれば無免許運転にはならない。

問2 □
原付免許停止処分の期間中に原動機付自転車を運転しても、無免許運転にはならない。

問3 □
原付免許試験に合格すれば、免許証を交付される前に原動機付自転車を運転しても、免許証不携帯であって、無免許運転にはならない。

問4 □
二輪車は、自賠責《じばいせき》保険か責任共済保険が切れていても任意保険に加入していれば、運転することができる。

問5 □
自動車損害賠償《そんがいばいしょう》責任保険証明書（強制保険）は、交通事故を起こしたときに必要なので、自宅に保管しておく。

問6 □
原付免許を取得後1年未満の人が原動機付自転車を運転するときには、初心者マークを付ける必要はない。

問7 □
自動車を無断で運転されて事故を起こされたときは、その車の所有者にはいっさい責任がない。

解答と解説

問1 ✕

有効期限の切れた運転免許証で運転した場合は、無免許運転になります。

問2 ✕

免許停止処分中に原動機付自転車を運転すれば、無免許運転になります。

問3 ✕

免許証の交付前に原動機付自転車を運転すると無免許運転になります。

問4 ✕

任意保険に加入していても、自賠責保険か責任共済保険に加入していなければ、運転することはできません。

問5 ✕

自動車損害賠償責任保険証明書または責任共済保険証明書は車に備えておかなければなりません。

問6 ○

初心者マークを付ける必要があるのは普通免許を取得後１年未満の者で、普通自動車を運転するときです。

問7 ✕

車の所有者は、車を勝手に持ち出されないように、車のカギの保管に十分に注意しなければならず、管理が不十分の場合には所有者にも責任が生じます。

3-3 運転する前の心得

問8 □

短い区間を運転するときでも、自分の運転技能と車の性能に合った運転計画を立てることが必要である。

問9 □

疲れているときは、酒酔いのときとは違って危険性がないので、運転しても危険はない。

問10 □

運転免許は第一種運転免許、第二種運転免許、原付免許の３種類に区分される。

問11 □

第一種運転免許には、二輪免許、原付免許、小型特殊免許も含まれる。

問12 □

原付免許を受けている者は、ミニカーを運転することができる。

問13 □

車両総重量が850キログラムの故障車をけん引するときは、けん引免許が必要である。

問14 □

免許を受けている者が、他の都道府県に住所を変更したときは、変更前の住所地の公安委員会に届け出なければならない。

解答と解説

問8 ○

長距離運転のときはもちろん、短区間を運転するときにも、自分の運転技能と車の性能に合った運転計画を立てることが必要です。

問9 ×

疲れているときや病気のときは運転を控《ひか》えるか、体調を整えてから運転するようにします。

問10 ×

運転免許には第一種運転免許、第二種運転免許、仮運転免許の３種類があります。

問11 ○

第一種運転免許には、大型免許、中型免許、準中型免許、普通免許、大型特殊免許、大型二輪免許、普通二輪免許、原付免許、小型特殊免許があります。

問12 ×

ミニカーを運転するためには、普通免許や中型免許、大型免許のいずれかが必要です。

問13 ×

車両総重量が850キログラムの車であっても故障車をけん引するときは、けん引免許は必要ありません。

問14 ×

免許を受けている者が、他の都道府県に住所を変更したときは、速やかに新住所地の公安委員会に届け出なければなりません。

3-3 運転する前の心得

問15 □
ブレーキの調子やききが悪いときには、とくに注意して運転しなければならない。

問16 □
タイヤの空気圧が低すぎると、燃料の消費が多くなり、スタンディングウェーブ現象（波打ち現象）も発生しやすくなる。

問17 □
バイクの運転者は運行する前に必ず日常点検を行わなければならない。

問18 □
原動機付自転車であっても、同乗する人がヘルメットをかぶれば、二人乗りすることができる。

問19 □
原動機付自転車に積むことのできる高さの限度は、荷台から２メートルまでである。

問20 □
原動機付自転車に積むことのできる荷物の長さは、原動機付自転車の長さに0.3メートル以下を加えた長さである。

問21 □
原動機付自転車の積み荷の幅の制限は、ハンドルの幅いっぱいまでである。

解答と解説

問15 ×

ブレーキの調子やききが悪いときには、運転をしてはいけません。

問16 ○

タイヤの空気圧が低すぎると、スタンディングウェーブ現象によりタイヤが破裂することがあります。

問17 ×

タクシーやハイヤーなどは運行する前に必ず日常点検を行わなければならないが、普通乗用自動車やバイクなどは走行距離や運行時の状況などから判断して行います。

問18 ×

原動機付自転車の乗車定員は１人です。

問19 ×

原動機付自転車には、地上から２メートルの高さまで荷物を積むことができます。

問20 ×

原動機付自転車には、積載装置《せきさいそうち》の長さに0.3メートル以下を加えた長さの荷物まで積むことができます。

問21 ×

原動機付自転車には、積載装置《せきさいそうち》の幅＋左右0.15メートル以下まで積むことができます。

3-3 運転する前の心得

問22 □
原動機付自転車に積載《せきさい》することのできる重さは30キログラム以下である。

問23 □
疲労の影響は目に最も強く現れ、疲労の度が高まるにつれて、見落としや見間違いが多くなる。

問24 □
明るいところから暗いところに入ったときは視力が低下するが、暗いところから明るいところへ出たときは視力は低下しない。

問25 □
走行している車を止めるときは、ブレーキをかけて車輪の回転を止め、タイヤと路面の間の摩《ま》擦抵抗《さつていこう》を利用する。

問26 □
障害物への衝突《しょうとつ》が避けられないとわかったとき、速度を2分の1に落とせば、衝撃《しょうげき》力は4分の1に減ることになる。

問27 □
車の速度と燃料消費量とは密接な関係があり、速度が低すぎても高すぎても燃料消費量は多くなる。

解答と解説

問22 ○

原動機付自転車には30キログラムまで荷物を積むことができます。

問23 ○

疲労の影響は、目に最も強く現れます。疲労の度が高まるにつれて、見落としや見間違いが多くなります。

問24 ×

明るいところから暗いところへ、暗いところから明るいところへと明るさが急に変わると、視力は一時急激に低下します。

問25 ○

車を止めるためには、ブレーキをかけて車輪の回転を止め、タイヤと路面の間の摩擦抵抗を利用します。

問26 ○

衝撃力は速度と重量に応じて大きくなったり、小さくなったりします。

問27 ○

車の燃料消費量は速度が低すぎても高すぎても多くなります。

3-4 運転の方法

●次の問題で正しいものは「○」、誤っているものには「×」と答えなさい。

問1 □

運転中に携帯電話《けいたいでんわ》をかけることは禁止されているが、かかってきた電話に出ることは禁止されていない。

問2 □

片側が6メートル未満の道路では、いかなるときでも中央線をはみ出して通行することができる。

問3 □

原動機付自転車は一方通行の道路であっても、道路の左側を通行しなければならない。

問4 □

車両通行帯のある道路では、追越《おいこ》しなどでやむを得ないときは、進路を右の車両通行帯に変更して通行することができる。

問5 □

同一方向に2つの車両通行帯があるときは、法定最高速度の遅い車が左側、速度の速い車が右側の車両通行帯を通行する。

問6 □

交差点やその付近以外の場所を通行中の車は、緊急《きんきゅう》自動車が接近してきたときには、左側に寄って一時停止か徐行《じょこう》して進路をゆずらなければならない。

解答と解説

問1
×
運転中の携帯電話の使用は危険なので、運転中は電源を切っておくか、ドライブモードに設定するなどして呼出音が鳴らないようにしておきます。

問2
×
左側部分の幅が6メートル未満であっても、追越《おいこ》しのためや、やむを得ない場合以外では、中央線をはみ出して通行することはできません。

問3
×
一方通行の道路では、道路の右側を通行することができます。

問4
○
車両通行帯のある道路で追越しをするときには、通行している通行帯の直近《ちょっきん》の右側の通行帯に進路変更して通行しなければなりません。

問5
×
同一方向に2つの車両通行帯があるときは、右側の通行帯は追越しのためにあけておき、左側の通行帯を通行します。

問6
×
交差点やその付近以外の場所で緊急自動車が接近してきたときは、道路の左側に寄り進路をゆずればよく、必ずしも一時停止や徐行の必要はありません。

問7 □
車を運転中、後方から緊急《きんきゅう》自動車が近づいてきたので、交差点内であったが、すぐ左側に寄って一時停止した。

問8 □
標識などで路線バスなどの専用通行帯が指定されている道路では、車は車庫に入るための左折であっても、その通行帯を通行できない。

問9 □
「路線バス等優先通行帯」では、小型特殊自動車、原動機付自転車、軽車両以外の車は通行することができない。

問10 □
環状交差点内を通行中、左方から進入してくる車があった場合は、進路を譲らなければならない。

問11 □
停留所に停車《ていしゃ》中の路線バスが発進の合図をしたときは、一時停止をして安全確認をしなければならない。

問12 □
歩道や路側帯《ろそくたい》のない道路の左側から0.5メートルの部分の路肩《ろかた》は原動機付自転車なら通行できる。

問13 □
軌道敷《きどうしき》内を通行中の車は、後方から路面電車が近づいてきたとき、路面電車との間に十分な距離を保てば、軌道敷の外に出る必要はない。

解答と解説

問7 ×

緊急自動車が近づいてきたときに交差点内を通行しているときは、交差点の外に出て、道路の左側に寄って一時停止します。

問8 ×

標識などによって路線バスなどの「専用通行帯」が指定されている道路では、車は右左折などのためや道路工事などでやむを得ない場合には通行できます。

問9 ×

路線バスなどが後方から接近してきた場合に、交通混雑のためその優先通行帯から出られなくなるおそれがなければ、自動車はその優先通行帯に入ることができます。

問10 ×

環状交差点内を通行する車が優先となる。

問11 ×

停留所に停車中の路線バスが発進の合図をしたときは、後方の車はその発進を妨げてはいけません。必ずしも一時停止の必要はありません。

問12 ○

自動車（二輪車を除く）は歩道や路側帯のない道路を通行するときは、路肩（路端《ろたん》から0.5メートルの部分）にはみ出して通行することはできませんが、二輪の自動車と原動機付自転車は通行できます。

問13 ○

軌道敷内を通行している車は、後方から路面電車が近づいてきたときには、軌道敷外に出るか、路面電車との間に十分な距離を保ちます。

3-4 運転の方法

問14 □

停留所で停車中の路線バスに追いついたときは、バスが発進するまで後方で必ず一時停止しなければならない。

問15 □

安全地帯は、歩行者がいるときに限り、原動機付自転車で乗り入れることはできない。

問16 □

車は前方の交通が混雑しているため、消防署などの前にある「停止禁止部分」の標示のある場所で動きがとれなくなるおそれのあるときは、その場所に入ってはいけない。

問17 □

原動機付自転車は軌道敷《きどうしき》内を通行することはできないが、右折するときは通行できる。

解答と解説

問14 ×

追いついた路線バスが発進の合図をしたときでも、車が急ブレーキや急ハンドルでさけなければならないような場合は、先に進むことができます。

問15 ×

安全地帯は車の通行が禁止されている場所なので、入ってはいけません。

問16 ○

前方の交通が混雑しているため、「停止禁止部分」の標示のある場所の中で動きがとれなくなるおそれのあるときは、その場所に進入してはいけません。

問17 ○

軌道敷内は通行が認められた車が通行する場合や左折や右折、横断をするため軌道敷を横切るときなどは通行できます。

3-5 歩行者の保護

●次の問題で正しいものは「○」、誤っているものには「×」と答えなさい。

問1 □
歩行者のそばを車で通行するときには、歩行者との間に安全な間隔をあけ、徐行《じょこう》しなければならない。

問2 □
安全地帯のそばを通るときは、歩行者がいてもいなくても徐行《じょこう》しなければならない。

問3 □
安全地帯のない停留所で路面電車から人が乗り降りしている場合、路面電車との間に1.5メートル以上の間隔があるときは徐行《じょこう》して通行できる。

問4 □
ぬかるみや水たまりを通過するときは、徐行《じょこう》するなどして歩行者などに泥水がかからないようにしなければならない。

問5 □
横断歩道のない交差点や、その近くを歩行者が横断しているときは、徐行《じょこう》するなどして、歩行者の通行を妨げてはならない。

問6 □
横断歩道や自転車横断帯に近づいたときに、横断する歩行者や自転車がいないことが明らかな場合であっても、必ず徐行しなければならない。

解答と解説

問1 ×

歩行者のそばを車で通行するときには、歩行者との間に安全な間隔をあけるか、安全な間隔をあけることができないときには、徐行して通過します。

問2 ×

安全地帯のそばを通るときは、歩行者がいるときは徐行しなければなりませんが、いないときは徐行しないで通行できます。

問3 ×

乗り降りする人や道路を横断する人がいなくなるまで、路面電車の後方で停止して待たなければなりません。

問4 ○

歩行者のそばや店先などを通るときは、速度を落として、泥や水をはねないように徐行するなど、注意して通らなければなりません。

問5 ○

横断歩道のない交差点やその近くを歩行者が横断しているときは、その通行を妨げてはいけません。

問6 ×

横断歩道などに近づいたときに、横断する歩行者や自転車がいないことが明らかな場合には、そのまま進むことができます。徐行の規定はありません。

3-5 歩行者の保護

問7 □

横断歩道に近づいたときに歩行者が横断していたり、歩行者が横断しようとしている場合は、歩行者との間に安全な間隔をあけるか、徐行《じょこう》して通過しなければならない。

問8 □

横断歩道の手前に停止している車があるときは、そのそばを通り抜ける前に徐行《じょこう》して安全を確かめる。

問9 □

白や黄のつえを持った人やその通行に支障のある高齢者が通行している場合には、あらかじめその手前で減速《げんそく》し、これらの人との間に安全な間隔をあけて通行しなければならない。

問10 □

幼児がひとり歩きしている場合、そのそばを通るときは、幼児との間に安全と思われる間隔をあければ、徐行《じょこう》の必要はない。

問11 □

通学通園バスが、こどもの乗り降りをさせているときに、バスの側方《そくほう》を通過する場合には、バスとの間に十分な間隔がとれれば、徐行《じょこう》しないで通過することができる。

問12 □

歩行者用道路では沿道に車庫を持つ車などで特に通行を認められた車だけが通行できるが、この場合は、特に歩行者に注意して徐行《じょこう》しなければならない。

解答と解説

問7 ×

歩行者が横断しているときや横断しようとしているときは、横断歩道の手前で一時停止をして、歩行者に道をゆずらなければなりません。

問8 ×

横断歩道の手前で停止している車があるときには、そのそばを通って前方に出る前に一時停止をして、安全を確認しなければなりません。

問9 ×

白や黄のつえを持った人やその通行に支障のある高齢者が通行している場合には、一時停止か徐行《じょこう》をして、これらの人が安全に通れるようにしなければなりません。

問10 ×

児童や幼児がひとり歩きしているときは、一時停止か徐行をして、安全に通れるようにしなければなりません。

問11 ×

児童、園児などが乗り降りするため停車《ていしゃ》している通学通園バスの側方を通過するときには、徐行して安全を確かめなければなりません。

問12 ○

歩行者用道路を通行する車は、特に歩行者に注意して徐行しなければなりません。

3-5 歩行者の保護

問13 □
ガソリンスタンドから出るとき、スタンドの店員の指示に従って徐行《じょこう》して歩道を横切った。

問14 □
二輪車は機動性に富んでいるので、交通が混雑しているときなどは、車の間をぬって走ったり、ジグザグ運転をしたりして、速く混雑から抜け出すようにする。

問15 □
肢体不自由であることを理由に普通免許に条件を付された者は、普通自動車の定められた位置に身体障害者マークを付けるようにする。

問16 □
学校や幼稚園などの付近や通学路の標識のあるところでは、こどもに注意して必ず一時停止しなければならない。

問17 □
駐車《ちゅうしゃ》や停車《ていしゃ》をしている車のそばを通るときには、車のかげから人が飛び出してくることがあるので、速度を落とすなど注意して走行する。

解答と解説

問13
×

歩道や路《ろ》側帯《そくたい》を横切るときは歩道や路側帯の直前で一時停止をして、歩行者の通行を妨げないようにします。

問14
×

二輪車がいくら機動性に富んでいるからといって、車の間をぬって走ったり、ジグザグ運転や無理な追越し、割込みをしてはいけません。そのような運転方法は大変危険であるばかりではなく、周囲の運転者にも不安を与えます。

問15
○

大型や中型、準中型、普通免許を受けた者で肢体不自由であることを理由に免許に条件を付されている身体の不自由な運転者は、自動車の定められた位置に身体障害者マークを付けるようにしましょう。

問16
×

学校、幼稚園、遊園地などの付近や通学路の標識のあるところでは、一時停止の規定はありませんが、こどもが突然飛び出してくることがあるので、特に注意しましょう。

問17
○

止まっている車のそばを通るときは、急にドアが開いたり、車のかげから人が飛び出したりする場合があるので注意します。

3-6 安全な速度

●次の問題で正しいものは「○」、誤っているものには「×」と答えなさい。

問1 □
最高速度が40キロメートル毎時の道路では、原動機付自転車も40キロメートル毎時で走行することができる。

問2 □
停止距離とは、ブレーキが実際にきき始めてから車が停止するまでの距離をいう。

問3 □
制動《せいどう》距離とは、運転者が危険を感じてからブレーキを踏み、ブレーキが実際にきき始めるまでの間に車が走る距離をいう。

問4 □
安全を保つための車間距離とは、制動《せいどう》距離とほぼ同じくらいの距離と考えればよい。

問5 □
運転者が疲れていると、危険を認知し判断して操作するまでに時間がかかるので、空走距離は長くなる。

問6 □
30キロメートル毎時で走行中の車の停止距離は、原動機付自転車の場合、一般に約10メートル以上である。

問7 □
原動機付自転車を停止させるときは、むやみにブレーキを使わず、なるべくアクセルの操作で徐々に速度を落としてから止まるのがよい。

解答と解説

問1 ×

原動機付自転車を運転する場合には、30キロメートル毎時をこえて運転してはいけません。

問2 ×

停止距離とは、運転者が危険を感じてからブレーキをかけ、ブレーキが実際にきき始めてから車が停止するまでの距離をいいます。

問3 ×

制動距離とは、ブレーキが実際にきき始めてから車が停止するまでの距離をいいます。

問4 ×

安全を保つための車間距離は、停止距離以上を保たないと危険です。

問5 ○

空走距離とは、運転者が危険を感じてからブレーキを踏み、ブレーキが実際にきき始めるまでの間に走る距離をいいます。

問6 ×

30キロメートル毎時での原動機付自転車の停止距離は、14メートル以上です。

問7 ○

むやみにブレーキを使わず、なるべくアクセルの操作で徐々に速度を落としてから止まるようにします。

3-6 安全な速度

問8 □

深い水たまりを通るとブレーキドラムに水が入って、一時的にブレーキのききがよくなる。

問9 □

ブレーキは最初にできるだけ軽くかけ、徐々に必要な強さまでかけるようにする。

問10 □

上り坂の頂上付近は、見通しが悪いので徐行《じょこう》しなければならない。

問11 □

交通整理の行われていない左右の見通しのきかない交差点（環状交差点《かんじょうこうさてん》を除く）では、すべて徐行《じょこう》しなければならない。

問12 □

同一方向に進行しながら進路を変えるときの合図の時期は、進路を変えようとするときの約30メートル手前の地点に達したときである。

問13 □

環状交差点《かんじょうこうさてん》を左折するときは徐行しなければならないが、交差点内を進行しているときには徐行の義務はない。

問14 □

転回するときの合図の時期は、転回しようとする地点の30メートル手前の地点に達したときである。

解答と解説

問8 ×

ブレーキドラムに水が入ると、一時的にブレーキのききが悪くなります。

問9 ○

ブレーキは最初にできるだけ軽くかけ、それから必要な強さまで徐々にかけていきます。

問10 ○

上り坂の頂上付近やこう配の急な下り坂では、徐行しなければなりません。

問11 ×

左右の見通しがきかない交差点であっても、信号機などによる交通整理が行われている場合や優先道路を通行している場合は、徐行の規定はありません。

問12 ×

同一方向に進行しながら進路を変えるときの合図の時期は、進路を変えようとするときの約３秒前です。

問13 ×

環状交差点《かんじょうこうさてん》内を通行するときは、交差点の側端に沿って徐行しなければならない。

問14 ○

転回するときの合図の時期は、右左折するときの合図の時期と同じで、転回しようとする地点の30メートル手前の地点に達したときです。

3-6 安全な速度

問15 □

右折する場合の合図は、右折しようとする交差点（環状交《かんじょうこう》差《さ》点《てん》を除く）の中心から30メートル手前で行う。

問16 □

停止しようとするときの合図の時期は、停止しようとするときである。

問17 □

進路変更の合図をして３秒以上たてば、後続車が接近してきていても、進路を変更することができる。

問18 □

左右の見通しのきかない交差点、曲がり角、上り坂の頂上では、必ず警《けい》音《おん》器《き》を鳴らさなければならない。

問19 □

交差点の手前の車両通行帯が黄色の線で区画されている場合であっても、右左折のための進路変更であれば、この黄色の線をこえて進路変更することができる。

解答と解説

問15 ×

右折の合図の時期は、右折しようとする交差点（環状交《かんじょうこう》差点《さてん》を除く）の手前の側端《そくたん》から30メートル手前の地点に達したときです。

問16 ○

徐行《じょこう》か停止をしようとするときの合図の時期は、徐行か停止をしようとするときです。

問17 ×

後続車の進行を妨げるようなときには、進路を変更してはいけません。

問18 ×

警笛《けいてき》区間の標識がある区間内で、見通しのきかない交差点や曲がり角、上り坂の頂上を通るときには鳴らさなければなりません。

問19 ×

車両通行帯が黄色の線で区画されている場合は、この黄色の線をこえて進路を変更してはいけません。

3-7 追越《おいこ》しなど

●次の問題で正しいものは「○」、誤っているものには「×」と答えなさい。

問1 □

前の車が自動車を追《お》い越《こ》そうとしているときや、後ろの車が自分の車を追い越そうとしているときは、追越《おいこ》しをしてはならない。

問2 □

前車がその前の原動機付自転車を追《お》い越《こ》そうとしているとき、その自動車を追い越そうとすると、二重追越《おいこ》しとなる。

問3 □

追越《おいこ》しが禁止されている場所であっても、追抜《おいぬ》きはしてもよい。

問4 □

追越《おいこ》しが禁止されている場所であっても、原動機付自転車で他の原動機付自転車を追《お》い越《こ》しても違反ではない。

問5 □

上り坂の頂上付近は、追越《おいこ》しが禁止されているが、こう配の急な下り坂は禁止されていない。

問6 □

標識や標示で追越《おいこ》しが禁止されていないところでも、車両通行帯がないトンネル内は追越し禁止である。

問7 □

優先道路を通行している場合であれば、交差点やその手前30メートル以内の場所であっても、自転車や原動機付自転車を追《お》い越《こ》してもよい。

解答と解説

問1 ○

前の車が自動車を追い越そうとしているとき（二重追越し）や、後ろの車が自分の車を追い越そうとしているときは、危険なので追越しをしてはいけません。

問2 ×

前の自動車が自動車以外の車（例えば原動機付自転車）を追い越そうとしているときは、前の自動車を追い越しても、二重追越しにはなりません。

問3 ×

追越し禁止の場所では、追抜きも禁止されています。

問4 ×

追越し禁止の場所では、原動機付自転車も追い越すことはできません。

問5 ×

こう配の急な下り坂は、徐行《じょこう》しなければならない場所であり、追越しも禁止されています。

問6 ○

トンネル内に車両通行帯がないときは、追越しが禁止されています。

問7 ○

優先道路を通行している場合は、交差点とその手前から30メートル以内の場所であっても、自転車や原動機付自転車を追い越すことができます。

3-7 追越しなど

問8 □

交差点の中まで中央線が引かれている道路を通行中のときには、交差点の中でも追《お》い越《こ》すことができる。

問9 □

横断歩道の直前で歩行者の横断がないと確認できる場合は、前の車を追《お》い越《こ》してもよい。

問10 □

優先道路を通行中だったので、横断歩道の手前から30メートル以内の場所で、前の自動車を追《お》い越《こ》した。

問11 □

追越《おいこ》し禁止の標識などがなくても、橋の上で原動機付自転車が小型特殊自動車を追《お》い越《こ》すのは違反である。

問12 □

道幅が6メートル未満の追越《おいこ》しが禁止されていない道路で、中央に黄色の実線が引かれているところでも、右側部分にはみ出さなければ追越しをしてもよい。

問13 □

二輪車で自動車を追い越すときは、左右どちらから追《お》い越《こ》してもよい。

問14 □

他の車に追《お》い越《こ》されるときに、相手に追越《おいこ》しをするための十分な余地《よち》がないときには、できるだけ左に寄り進路をゆずらなければならない。

解答と解説

問8 ◯

優先道路（交差点の中まで中央線がある道路）を通行している場合には、交差点の中であっても追越《おいこ》しは禁止されていません。

問9 ✕

歩行者が横断していなくても、横断歩道とその手前から30メートル以内の場所では追越しや追抜きが禁止されています。

問10 ✕

優先道路であっても、横断歩道とその手前から30メートル以内の場所は追越《おいこ》し禁止です。

問11 ✕

標識などで追越《おいこ》しが禁止されていなければ、橋の上での追越しは禁止されていないので、違反にはなりません。

問12 ◯

中央に黄色の実線が引かれているところでは、追越しのために道路の右側部分にはみ出しての通行が禁止されているので、右側部分にはみ出さなければ追越しができます。

問13 ✕

前の車を追い越そうとするときは、前車が右折するため道路の中央（一方通行では右端）に寄って通行しているときを除いて、前車の右側を追い越します。

問14 ◯

追い越されるときに、追越しに十分な余地のない場合は、できるだけ左に寄り、進路をゆずらなければなりません。

3-7 追越しなど

問15 □
他の車を追《お》い越《こ》すときは、たとえ瞬間的であっても指定された最高速度をこえて運転してはならない。

問16 □
前の車が信号待ちで停止しているとき、その車の横を通過して前を横切ったのは違反である。

問17 □
原動機付自転車で前の自動車を追《お》い越《こ》すときは、その自動車の左側を通行しなければならない。

問18 □
追越《おいこ》しをしようとするときは、前方の安全を確かめればよく、後方の安全を確かめる必要はない。

問19 □
追越《おいこ》しをしようとするときは、まず合図を出し、それから安全を確認する。

問20 □
追越《おいこ》しをするときは、前車との車間距離をできるだけ短くし、方向指示器で合図を出すと同時に追越しを始める。

問21 □
追越《おいこ》しのとき、後続車の追越しのじゃまにならないように、ただちに追《お》い越《こ》した車のすぐ前に入るようにする。

解答と解説

問15 ○

追い越すときは、最高速度の制限内で行わなければなりません。

問16 ○

駐停車《ちゅうていしゃ》している車の前方を横切ることはよいが、信号待ちなどで停止している車の前方を横切ることは、禁止されています。

問17 ×

原則として、前の自動車を追い越すときは、その右側を通行しなければなりません。

問18 ×

追越しをするときは前方の安全を確かめるとともに、バックミラーなどで右側や右斜め後方の安全も確認しなければなりません。

問19 ×

追越しをするときは、安全確認をしてから、右側の方向指示器で合図を出します。

問20 ×

追越しをするときでも、車間距離を十分にとり、進路変更の約３秒前には方向指示器などで進路変更の合図をします。

問21 ×

二輪車での追越しのときは、追い越した車との間に十分な距離がとれるまでそのまま進み、進路をゆるやかに左にとります。

3-7 追越しなど

問22 □

前の車を追《お》い越《こ》す場合、追い越した車の進行を妨げなければ道路の左に戻れないときには追越《おいこ》しはできない。

問23 □

対向車と行き違うときは、安全な間隔を保たなければならない。

問24 □

車と路面電車を追い越す場合は、その右側を通行する。

問25 □

道路の片側に障害物がある場合、その付近で対向車と行き違うときは、障害物のある側の車が減速《げんそく》するか一時停止して、道をゆずる。

問26 □

上り坂の頂上付近は追越《おいこ》しが禁止されているが、上り坂の途中は追越《おいこ》しは禁止されていない。

問27 □

道路の左側部分の幅が３メートルのときは、追《おい》越《こ》しするときに道路の中央から右側部分にはみ出して、通行することができる。

解答と解説

問22 ○

前方が混雑などのため、前の車の進行を妨げなければ道路の左側部分に戻ることができないようなときには、追越しをすることはできません。

問23 ○

対向車と行き違うときは、対向車との間に安全な間隔を保たなければなりません。

問24 ×

路面電車の追い越しは原則左側。レールが道路の左側に設けられている場合は、右側を通行する。

問25 ○

障害物のある側の車が一時停止か減速して、反対方向からくる車に道をゆずります。

問26 ○

上り坂の途中での追越しは禁止されていません。

問27 ○

道路の左側部分の幅が６メートル未満のときは、追越しするときに道路の中央から右側部分にはみ出して、通行することができます。

3-8 交差点の通り方

●次の問題で正しいものは「○」、誤っているものには「×」と答えなさい。

問1 □

内輪差《ないりんさ》とは、四輪車のハンドルを左右に切ったときの「ハンドルのあそび」のことである。

問2 □

交差点で左折しようとするときは、あらかじめできるだけ道路の左端に寄り、交差点の側端《そくたん》に沿って進行すれば徐行しなくてもよい。

問3 □

一方通行の道路において、道路外に出るため右折しようとするときは、道路の右端にあらかじめできるだけ寄って徐行《じょこう》しなければならない。

問4 □

信号機の青色の信号に従って交差点を通過するとき、見通しのきかない交差点では徐行《じょこう》しなければならない。

問5 □

右折しようとしたときに、その交差点（環状交《かんじょうこう》差点《さてん》を除く）に反対方向から直進や左折をしてくる車がある場合、自分が先に交差点に入っていても、その進行を妨げてはならない。

問6 □

車両通行帯のある道路で、標識などによって交差点で進行する方向ごとに通行区分が指定されているときは、緊急《きんきゅう》自動車が近づいて来ても、指定された区分に従って通行しなければならない。

解答と解説

問1 ×

内輪差とは、車が曲がるとき後輪が前輪より内側を通ることによる前後輪の軌跡《きせき》の差をいいます。

問2 ×

交差点で左折しようとするときは、あらかじめできるだけ道路の左端に寄り、交差点の側端に沿って、徐行しながら通行しなければなりません。

問3 ○

一方通行の道路から右折するときは、道路の右端にあらかじめできるだけ寄って、徐行しながら通行しなければなりません。

問4 ×

見通しのきかない交差点でも、信号機の青信号に従って通過する場合や優先道路を通行しているときは、徐行の必要はありません。

問5 ○

右折しようとする場合に、その交差点（環状交差点《かんじょうこうさてん》を除く）で直進か左折をする車や路面電車があるときは、自分の車が先に交差点に入っていても、車や路面電車の進行を妨げてはいけません。

問6 ×

車両通行帯のある道路で、標識などによって交差点で進行する方向ごとに通行区分が指定されているときには、緊急自動車が近づいて来た場合や道路工事などでやむを得ない場合のほかは、指定された区分に従って通行しなければなりません。

3-8 交差点の通り方

問7 □

信号機が青の灯火《とうか》を表示しているときで、交差点の前方の交通が混雑しているときには、徐行《じょこう》して進入しなければならない。

問8 □

交差する道路が優先道路であるときや、その道幅があきらかに広いときは、交差点（環状交差《かんじょうこうさ》点《てん》を除く）の手前で一時停止をして、交差道路を通行する車の進行を妨げないようにする。

問9 □

図のような信号機のない交差点では、原動機付自転車Aは普通自動車Bの進行を妨げてはならない。

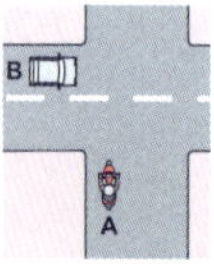

問10 □

交通整理《こうつうせいり》の行われていない交差点（環状交差点《かんじょうこうさてん》を除く）に入ろうとしたとき、右方から路面電車が接近してきたが、左方車優先であるから、そのまま進行した。

問11 □

左右の見通しがきかない交通整理《こうつうせいり》が行われていない交差点（環状交差点《かんじょうこうさてん》を除く）を通行するときは、交差点の手前で必ず一時停止しなければならない。

解答と解説

問7
×

前方の交通が混雑しているため交差点内で止まってしまい、交差方向の車の通行を妨げるおそれがあるときは、信号が青でも交差点に入ることはできません。

問8
×

交差する道路が優先道路であるときや、交差する道路の道幅があきらかに広いときは、徐行をして交差道路を通行する車の進行を妨げないようにします。必ずしも一時停止の必要はありません。

問9
○

普通自動車Bが通行している道路は、交差点内まで中央線が引かれている優先道路なので、原動機付自転車Aは普通自動車Bの進行を妨げてはいけません。

問10
×

交通整理の行われていない交差点（環状交差点《かんじょうこうさてん》を除く）に入ろうとするときに路面電車が接近してきたときは、路面電車が優先します。

問11
×

左右の見通しがきかない交通整理が行われていない交差点（環状交差点《かんじょうこうさてん》を除く）を通行するときは、徐行《じょこう》（優先道路を通行している場合は除く）すればよく、必要に応じて一時停止します。

3-9 駐車《ちゅうしゃ》と停車《ていしゃ》

●次の問題で正しいものは「○」、誤っているものには「×」と答えなさい。

問1 □
駐車禁止《ちゅうしゃきんし》の場所で荷物の積卸《つみおろ》しのため停止する場合、運転者が車から離れていてすぐに運転できなくても5分以内であれば停車《ていしゃ》できる。

問2 □
駐停車禁止《ちゅうていしゃきんし》の場所であっても、荷物の積卸《つみおろ》しのための停車《ていしゃ》は許されている。

問3 □
一方通行の道路で駐停車《ちゅうていしゃ》するときにも、原則として道路の左側に沿って駐停車しなければならない。

問4 □
坂の頂上付近とこう配の急な上り坂は駐停車禁《ちゅうていしゃきん》止《し》だが、こう配の急な下り坂なら追越《おいこ》しも駐停《ちゅうてい》車《しゃ》も禁止されていない。

問5 □
トンネル内は、車両通行帯がない場合には駐停《ちゅうてい》車《しゃ》が禁止されている。

問6 □
交差点とその端から5メートル以内の場所は駐《ちゅう》停車禁止《ていしゃきんし》であり、たとえ危険防止のためといえども停止してはならない。

問7 □
軌道敷《きどうしき》内は路面電車の運行時間外であれば、駐《ちゅう》停車《ていしゃ》することができる。

解答と解説

問1 ×

5分以内の貨物の積卸しであっても、運転者が車から離れて直ちに運転することができない状態にある場合は駐《ちゅう》車《しゃ》になります。

問2 ×

駐停車禁止の場所では、荷物の積卸しのための停車も禁止されています。

問3 ○

一方通行の道路で駐停車するときでも左側に沿うのが原則ですが、右側に駐停車できる旨の標識などがあれば、右側に駐停車できます。

問4 ×

坂の頂上付近とこう配の急な坂は、上りも下りも駐停車が禁止されています。追越し禁止の場所は、坂の頂上付近とこう配の急な下り坂だけです。

問5 ×

トンネルの中は、車両通行帯の有無に関係なく、駐停車が禁止されています。

問6 ×

駐停車が禁止されている場所であっても、警察官の命令や危険防止のため一時停止する場合などは、これらの場所に停止することができます。

問7 ×

軌道敷内は終日駐停車が禁止されています。

3-9 駐車と停車

問8 □

道路の曲がり角であっても、見通しがよい場所では、駐車《ちゅうしゃ》は禁止されていない。

問9 □

横断歩道の手前10メートルのところでは、標識などで駐停車《ちゅうていしゃ》が禁止されていなければ駐車《ちゅうしゃ》も停《てい》車《しゃ》もできる。

問10 □

踏切とその端から前後5メートル以内の場所は、駐停車《ちゅうていしゃ》が禁止されているが、10メートルの場所なら駐停車は禁止されていない。

問11 □

安全地帯の左側とその前後10メートル以内の場所は駐車《ちゅうしゃ》してはならないが、停車《ていしゃ》することはよい。

問12 □

路線バスの停留所の標示板（標示柱）があるところから10メートル以内の場所は、運行時間中に限り駐車《ちゅうしゃ》も停車《ていしゃ》もしてはならない。

問13 □

火災報知機から1メートル以内の場所は、5分以内の荷物の積卸《つみおろ》しのための停車《ていしゃ》はすることができる。

問14 □

駐車《ちゅうしゃ》場、車庫などの自動車専用の出入口から3メートル以内の場所であっても、自分のバイクであれば駐車することができる。

解答と解説

問8 ×

見通しのよい悪いに関係なく、道路の曲がり角から5メートル以内の場所は駐《ちゅう》停《てい》車《しゃ》禁《きん》止《し》です。

問9 ○

横断歩道とその端から前後に5メートル以内の場所は駐停車が禁止されていますが、10メートルの場所では禁止されていません。

問10 ×

踏切とその端から前後10メートル以内の場所は、駐《ちゅう》停《てい》車《しゃ》禁《きん》止《し》場所です。

問11 ×

安全地帯の左側とその前後10メートル以内の場所は、駐《ちゅう》停《てい》車《しゃ》禁《きん》止《し》です。

問12 ○

運行時間中に限り、バス、路面電車の停留所の標示板（標示柱）があるところから10メートル以内の場所は、駐《ちゅう》停《てい》車《しゃ》禁《きん》止《し》場所です。

問13 ○

火災報知機から1メートル以内の場所は、駐車《ちゅうしゃ》は禁止されていますが、停車は禁止されていません。

問14 ×

駐車場、車庫などの自動車専用の出入口から3メートル以内の場所では、駐車は禁止されています。

問15 □ 道路工事の区域の端から５メートル以内の場所は駐車《ちゅうしゃ》も停車《ていしゃ》も禁止されている。

問16 □ 消火栓、指定消防水利の標識が設けられている位置や消防用防火水そうの取り入れ口から５メートル以内の場所には駐車《ちゅうしゃ》することはできない。

問17 □ 消防用機械器具の置場、消防用防火水そう、これらの道路に接する出入口から５メートル以内の場所は、駐車《ちゅうしゃ》や停車《ていしゃ》が禁止されている。

問18 □ バイクの右側に3.5メートル以上の余地《よち》がない道路で、荷物の積卸《つみおろ》しのため運転者が車のそばを離れずに10分間車を止めた。

問19 □ 駐車《ちゅうしゃ》するときに歩道がない場所では、歩行者のために車の左側を0.5メートル以上あけておかなければならない。

問20 □ 幅の広い路側帯《ろそくたい》に駐車するときは、歩行者の通行のため、車の左側に0.5メートル以上の余地《よち》をあければ駐車《ちゅうしゃ》することができる。

問21 □ 道路に平行して駐車《ちゅうしゃ》している車の右側には、駐車をしてはならないが、停車《ていしゃ》をしている車の右側に停車することができる。

解答と解説

問15
×
道路工事の区域の端から５メートル以内の場所は駐車のみが禁止されています。

問16
○
消火栓、指定消防水利の標識が設けられている位置や消防用防火水そうの取り入れ口から５メートル以内の場所は、駐車が禁止されています。

問17
×
消防用機械器具の置場、消防用防火水そう、これらの道路に接する出入口から５メートル以内の場所は、駐車のみが禁止されています。

問18
○
バイクの右側に3.5メートル以上の余地がない道路でも、荷物の積卸しで運転者がすぐに運転できるときには、駐車することができます。

問19
×
歩道や路側帯《ろそくたい》のない道路で駐車するときには、道路の左端に沿います。

問20
×
幅の広い路側帯に入って駐車するときには、車の左側に0.75メートル以上の余地をあけておかなければなりません。

問21
×
道路に平行して駐停車《ちゅうていしゃ》している車と並んで駐停車することはできません。

3-9 駐車と停車

問22 □
車が故障してやむを得ず道路上に駐車《ちゅうしゃ》する場合は、車に「故障」と書いた紙を張っておけばよい。

問23 □
駐車禁止《ちゅうしゃきんし》でない場所に駐車《ちゅうしゃ》するときは、夜間、同じ場所に引き続き12時間以上駐車することができる。

問24 □
運転者が車から離れていて、すぐに運転できない状態でも、５分以内であれば駐車《ちゅうしゃ》にはならない。

問25 □
横断歩道とその端から前後に５メートル以内の場所は駐停車禁止《ちゅうていしゃきんし》であるが、荷物の積卸《つみおろ》しのため１分間停車《ていしゃ》したのは違反ではない。

問26 □
駐停車《ちゅうていしゃ》が禁止されていない場所であっても、車の右側に3.5メートル以上の余地《よち》がなければ駐車《ちゅうしゃ》することはできない。

解答と解説

問22 ×

故障のために道路上に駐車する場合でも、いつまでも放置せず、できるだけ早く移動のための措置を行います。

問23 ×

駐車禁止でない場所であっても、原則として同じ場所に引き続き12時間以上、夜間は８時間以上駐車することはできません。

問24 ×

運転者が車から離れていて、すぐに運転できない状態では駐車になります。

問25 ×

駐停車禁止の場所では停車することはできません。

問26 ○

車の右側に3.5メートル以上の余地がなければ駐車することはできません。

3-10 危険な場所などの運転

●次の問題で正しいものは「○」、誤っているものには「×」と答えなさい。

問1 □
踏切を通過しようとするときに見通しがきくところでは、一時停止しないで通過することができる。

問2 □
踏切警手のいる踏切では、安全が確認できれば一時停止することなく通過できる。

問3 □
踏切の手前で警報機《けいほうき》が鳴り出したときは、急いで踏切を通過しなければならない。

問4 □
踏切内で動きがとれなくなるおそれがなく、前車に続いて通過する場合には、その直前で安全確認すれば一時停止をしなくてもよい。

問5 □
踏切の向こう側が混雑していて自車の入るスペースがないときは、一時停止をしてから踏切に入らなければならない。

問6 □
踏切では、エンストを防止するため発進したときの低速ギアのまま一気に通過し、やや中央寄りを通行するのがよい。

問7 □
上り坂の頂上付近では、エンスト防止のため加速して一気に通過するのがよい。

解答と解説

問1
×
踏切を通過しようとするときは、その直前（停止線があるときは、その直前）で一時停止をし、左右の安全を確認します。

問2
×
踏切を通過しようとするときは、踏切の直前で一時停止し、かつ、安全を確認した後でなければ進行することはできません。踏切警手がいても同様です。

問3
×
踏切の手前で警報機が鳴り出したときやしゃ断機が降り始めているときは、踏切に入ってはいけません。

問4
×
前の車に続いて通過するときでも、一時停止をし、安全を確かめなければなりません。

問5
×
踏切の向こう側が混雑していて、自車が入るスペースがなく、踏切内で動きがとれなくなるおそれがあるときには、踏切に入ることはできません。

問6
○
踏切では、歩行者や対向車に注意しながら、落輪《らくりん》しないように中央寄りを通ります。

問7
×
上り坂の頂上付近は見通しが悪いので、徐行《じょこう》しなければなりません。

3-10 危険な場所などの運転

問8 □ エンジンブレーキはフットブレーキが故障したときや緊急《きんきゅう》時に使用するので、下り坂では使用しないほうがよい。

問9 □ 坂道では、上り坂の車が優先であるから、近くに待避所があるときでも、下りの車を優先させる必要はない。

問10 □ 片側が転落のおそれがあるがけになっている道路で、安全な行き違いができないときは、山側の車が一時停止をして道をゆずるのがよい。

問11 □ 山道のカーブでの行き違いでは、安全のためできるだけ路肩《ろかた》寄りを通行するのがよい。

問12 □ 曲がり角やカーブでは、対向車が道路の中央からはみ出してくることを予測して、運転することが必要である。

問13 □ 夜間、走行中に自分のライトと対向車のライトで、道路中央付近の視界が明瞭になり、障害物などの発見がしやすくなる。

問14 □ 夜間、大型車の後ろについて運転中、眠気を感じたら、休息するよりも前車のブレーキ灯を見ながら運転すると安全である。

解答と解説

問8 ×

エンジンブレーキはフットブレーキの補助として使用され、停止するときや下り坂などでアクセルペダルを戻すことにより作用します。

問9 ×

坂道では、近くに待避所があるときは、上りの車でも、その待避所に入って道をゆずります。

問10 ×

片側が転落のおそれがあるがけになっている道路で、安全な行き違いができないときは、がけ側の車が一時停止をして道をゆずります。

問11 ×

山道では、路肩がくずれやすくなっていることがあるので、路肩に寄り過ぎないように注意します。

問12 ○

曲がり角やカーブでは、対向車が道路の中央からはみ出してくることがあるので、注意します。

問13 ×

夜間の走行中には、自分の車のライトと対向車のライトで、道路の中央付近の歩行者が見えなくなること（蒸発現象）があるので、十分注意しましょう。

問14 ×

夜間、眠気を感じたら、安全な場所に車を止めて、休息をとるようにします。

3-10 危険な場所などの運転

問15 □ 夜間、車を運転するときは、視線を遠方に向けると対向車のライトが目に入ったりするので、視線は直前に向け遠方を見ないようにするのがよい。

問16 □ 夜間、見通しの悪い交差点やカーブなどの手前では、ほかの車や歩行者に接近を知らせるために前照灯を上向きに切り替えたり、点滅したりすることは危険である。

問17 □ 舗装された道路では、雨の降り始めが最もスリップしやすく、降り続いているときより注意しなければならない。

問18 □ 雪道では、できるだけ車の通った跡《あと》（わだち）を選んで走るのがよい。

問19 □ 霧のとき、危険防止のために必要に応じて警音器《けいおんき》を鳴らすのは、警音器の乱用にならない。

問20 □ 霧で視界が悪いところを走行するときは、前照灯を上向きにすると見通しがよくなる。

解答と解説

問15 ×

夜間走行では、視線はできるだけ先の方へ向け、少しでも早く前方の障害物を発見するようにします。

問16 ×

夜間、見通しの悪い交差点やカーブなどの手前では、前照灯を上向きに切り替えるか点滅して、ほかの車や歩行者に自車の交差点やカーブへの接近を知らせます。

問17 ○

雨の降り始めは、道路上の泥などが水面に浮いてすべりやすくなり、降り続くことにより泥などが流されます。

問18 ○

雪道では、できるだけ車の通った跡（わだち）を選んで走るようにします。

問19 ○

霧のときは、危険防止のために必要に応じて警音器を使います。

問20 ×

霧の中を走行するときに前照灯を上向きにすると、乱反射し視界が悪くなるので、下向きにします。

3-10 危険な場所などの運転

問21 □ 二輪車で走行中にエンジンの回転数が上がった後、故障などにより、下がらなくなったときは、点火スイッチを切ってエンジンの回転を止めることが大切である。

問22 □ 走行中にタイヤがパンクしたときは、ハンドルをしっかり握り、車の方向を直すことに全力を傾け、断続的にブレーキをかけて止めるのがよい。

問23 □ 走行中、後輪が横すべりを始めたときは、急ブレーキをかけて停止させたほうがよい。

問24 □ 対向車と正面衝突《しょうとつ》のおそれが生じたときは、少しでもハンドルとブレーキでかわすようにしなければならないが、もし、道路外が危険な場所でなければ、道路外に出ることをためらってはならない。

解答と解説

問21 ○

走行中にエンジンの回転数が上がった後、故障などにより、下がらなくなったときは、二輪車の場合、点火スイッチを切ってエンジンの回転を止めることが大切です。

問22 ○

走行中にタイヤがパンクしたときは、ハンドルをしっかりと握り、車の方向を直すことに全力を傾けます。急ブレーキをさけ、断続的にブレーキをかけて止めます。

問23 ×

後輪が横すべりを始めたときは、アクセルをゆるめ、同時にハンドルで車の向きを立て直すようにします。後輪が右(左)にすべったときは、車は左(右)に向くので、ハンドルを右(左)に切ります。

問24 ○

対向車と正面衝突のおそれが生じたときは、警音器《けいおんき》とブレーキを同時に使い、できる限り左側によけます。衝突の寸前まであきらめないで、少しでもブレーキとハンドルでかわすようにします。もし道路外が危険な場所でないときは、道路外に出ることをためらってはいけません。

3-11 二輪車の運転方法

●次の問題で正しいものは「○」、誤っているものには「×」と答えなさい。

問1 □ 原動機付自転車で高速自動車国道は通行できないが、自動車専用道路は通行できる。

問2 □ 二輪車を選ぶときはまたがってみて、片足が地面につき車体が支えられるかどうか、8の字型に押して歩くことが完全にできるかどうかを、確かめておくことが大切である。

問3 □ 原動機付自転車を運転するときには、工事用の安全帽でもよいから、必ずかぶらなければならない。

問4 □ 二輪車に乗るときは、転倒することも考えて、体の露出がなるべく少なくなるような服装をしたほうがよい。

問5 □ 原動機付自転車に同乗する人も、必ずヘルメットをかぶるようにする。

問6 □ 普通二輪免許を受けて1年を経過していない者でも、大型二輪免許を受けていれば二人乗りをしてもよい。

解答と解説

問1 ×

原動機付自転車は高速道路（高速自動車国道や自動車専用道路）を通行することはできません。

問2 ×

二輪車にまたがったとき、両足のつま先が地面に届くものを選びます。

問3 ×

二輪車に乗るときには、PS(c)マークかJISマークの付いた乗車用ヘルメットをかぶらなければなりません。工事用安全帽は乗車用ヘルメットではありません。

問4 ○

二輪車に乗るときは、体の露出がなるべく少なくなるような服装をします。

問5 ×

原動機付自転車には運転者以外に人を乗せることはできません。

問6 ×

二輪免許を受けて１年を経過していない者は、二人乗りをすることはできません。

3-11 二輪車の運転方法

問7 □

二輪車のチェーンのゆるみは、チェーンの中央部を指で押してみて、10センチメートル程度がよい。

問8 □

二輪車のブレーキはあそびがないほうがよい。

問9 □

タイヤの空気圧は高いほどタイヤが長持ちし、燃費もよくなる。

問10 □

二輪車の正しい運転姿勢は、ステップにのせた足のつま先が外側を向き、両ひざを開いているのがよい。

問11 □

原動機付自転車を運転するときは、肩の力を抜き、ひじをわずかに曲げ、背すじを伸ばし、視線は先の方へ向ける。

問12 □

原動機付自転車の運転中に、携帯電話を手に持って通話したり、メールを送信したりしてはいけない。

問13 □

二輪車でカーブを通行するときは、車体を傾けると自然に曲がるので、手前の直線部分であらかじめ速度を落とさなくてもよい。

解答と解説

問7 ×

チェーンのゆるみは、2～3センチメートル程度が適当です。

問8 ×

二輪車のブレーキには適当なあそびが必要です。

問9 ×

タイヤは適正な空気圧にすることにより長持ちします。

問10 ×

ステップに土踏まずをのせて、足の裏がほぼ水平になるようにし、足先がまっすぐ前方に向くようにして、タンクを両ひざでしめます。

問11 ○

二輪車の正しい乗車のしかたは、手首を下げて、ハンドルを前に押すような気持ちでグリップを軽く持ち、肩の力を抜き、ひじをわずかに曲げ、背すじを伸ばし、視線は先の方へ向けます。

問12 ○

運転中はメールを含め、携帯電話を使用してはいけない。

問13 ×

二輪車でカーブを曲がるときは、カーブの手前の直線部分で、あらかじめ十分速度を落としておき、車体を傾けることによって自然に曲がるような要領で行います。

3-11 二輪車の運転方法

問14 □

二輪車を運転してカーブを通行するとき、カーブの途中でクラッチを切って惰力で走行し、カーブの後半でやや加速するのがよい。

問15 □

二輪車はぬかるみや砂利道《じゃりみち》などでは、ブレーキをかけないようにスロットルで速度を一定に保ち、バランスをとりながら通過するのがよい。

問16 □

左側に２通行帯のある道路の交差点で原動機付自転車が右折するとき、標識による右折方法の指定がなければ、小回り右折の方法をとる。

問17 □

小回り右折の標識のある交差点で右折する原動機付自転車は、あらかじめできるだけ道路の中央に寄り、かつ、交差点の中心のすぐ内側を徐《じょ》行《こう》しながら進行する。

問18 □

エンジンブレーキはスロットルを戻したり、シフトダウン（低速ギアに入れること）することにより行う。

問19 □

二輪車のエンジンブレーキは、高速ギア（トップギア）から低速ギア（ローギア）へ一気に入れたほうが制動《せいどう》力が大きく安全な停止ができる。

問20 □

二輪車でブレーキをかけるときは、必ずクラッチを切ってからブレーキをかけたほうがよい。

解答と解説

問14 ×

クラッチを切らないで常に車輪にエンジンの力をかけておき、カーブの後半で前方の安全を確かめてから、やや加速するようにします。

問15 ○

ぬかるみや砂利道などでは、ブレーキをかけたり、急に加速《かそく》したり、大きなハンドル操作をしたりしないようにします。

問16 ○

標識による右折方法の指定がなく、左側３通行帯以上の道路の交差点では二段階右折、左側２通行帯以下の道路の交差点では小回り右折をします。

問17 ○

原動機付自転車での小回り右折は自動車と同じように、二段階右折では軽車両と同じように右折します。

問18 ○

エンジンブレーキはスロットルを戻すことによりきかせるものと、シフトダウンによりきかせるものがあります。

問19 ×

エンジンブレーキは、いきなり高速ギアからローギアに入れるとエンジンをいためたり、転倒したりするおそれがあるので、順序よくシフトダウンします。

問20 ×

ブレーキをかけるときは、エンジンブレーキを活用するため、クラッチを切ってはいけません。クラッチを切るのはブレーキをかけて速度が落ちてからです。

3-11 二輪車の運転方法

問21 □

二輪車でブレーキをかけるときは、車体を垂直《すいちょく》に保ちハンドルを切らない状態で、エンジンブレーキをきかせながら、前後輪のブレーキを同時にかけるとよい。

問22 □

二輪車に乗ってブレーキをかけるとき、路面がすべりやすいときには後輪ブレーキをやや強くかけるようにする。

問23 □

オートマチック二輪車に無《む》段《だん》変《へん》速《そく》装《そう》置《ち》が採用されている場合、エンジンの回転数が低いときには、車輪にエンジンの力が伝わりにくくなる。

問24 □

二輪車のマフラーを取りはずしたり、切断したり、マフラーの芯を抜いたりすると騒音が大きくなるので、このような改造をしてはならない。

問25 □

二輪車のエンジンを切って押して歩くときは、歩行者として扱われるが、側車付きのものを押しているときは、歩行者として扱われない。

解答と解説

問21 ○

二輪車でブレーキをかけるときは、車体を垂直に保ち、ハンドルを切らない状態で、エンジンブレーキをきかせながら、前後輪のブレーキを同時にかけます。

問22 ○

二輪車に乗り乾燥した路面でブレーキをかけるときは、前輪ブレーキをやや強く、路面がすべりやすいときは、後輪ブレーキをやや強くかけます。

問23 ○

オートマチック二輪車に無段変速装置が採用されている場合、エンジンの回転数が低いときには、車輪にエンジンの力が伝わりにくい特性があります。

問24 ○

マフラーを取りはずしたり、切断したり、マフラーの芯を抜いたり、マフラーに穴を開けたりすると騒音が大きくなるので、このような改造をしてはいけません。

問25 ○

二輪車のエンジンを切って押して歩くときは、歩行者として扱われます。しかし、エンジンをかけているものやほかの車をけん引しているもの、側車付きのものを押しているときは、歩行者としては扱われません。

3-12 事故・故障・災害などのとき

●次の問題で正しいものは「○」、誤っているものには「×」と答えなさい。

問1 □

交通事故を起こしたときは、事故状況を残しておかなければならないので、他の交通の妨げになっていても警察官が現場に到着するまでは、車を移動してはならない。

問2 □

交通事故の責任は運転者だけが負うべきであるから、車の管理が悪く、勝手に持ち出されて起きた事故であっても、車の持ち主には何の責任もない。

問3 □

交通事故を起こしてしまったときは、後日の示談の交渉で必要なため、まず最初に保険会社に事故の報告をするとよい。

問4 □

人身事故を起こしたときは、直ちに停止して事故の続発を防ぐとともに、他の交通の妨げにならないように措置し、負傷者を保護してから、警察官に届け出る。

問5 □

交通事故で相手に軽いけがをさせたときは、医師の診断を受けさせれば、警察官に事故報告はしなくてもよい。

問6 □

交通事故を起こした場合は、救急車を待つ間に止血などの措置をしたほうがよい。

解答と解説

問1 ×

事故の続発を防ぐため、他の交通の妨げにならないような安全な場所（路肩《ろかた》、空地など）に車を止め、エンジンを切ります。

問2 ×

車の所有者などは、車を勝手に持ち出されないように、車のカギの保管に注意しなければ、事故の責任を負わされることがあります。

問3 ×

交通事故を起こしてしまったときは、まず初めに警察官に報告しなければなりません。

問4 ○

事故の続発を防止するとともに、他の交通の妨げにならないような安全な場所に車を止め、負傷者がいる場合は負傷者を保護してから、警察官に報告します。

問5 ×

負傷者を救護《きゅうご》し、事故の続発を防ぐ措置をとった後は、警察官に必ず事故報告をしなければなりません。

問6 ○

負傷者がいる場合は、医師、救急車などが到着するまでの間、ガーゼや清潔なハンカチなどで止血するなど、可能な応急措置を行います。

3-12 事故・故障・災害などのとき

問7 □

やむを得ず一般の車で故障車をロープでけん引するときは、故障車との間に安全な間隔を保ちながら丈夫なロープなどで確実につなぎ、ロープに赤い布を付ける。

問8 □

災害対策基本法による通行禁止区域等においては、警察官がいないときに自衛官や消防吏員《しいん》が車の移動等、必要な命令を行うことができる。

問9 □

車を運転中、大地震が発生した場合は、急ハンドル、急ブレーキを使いできるだけ早く、道路の左側に停止させることが必要である。

問10 □

原動機付自転車を運転中に大地震が発生したときは、急ブレーキをさけ、道路の左側に停止し、エンジンキーを抜き、ハンドルロックして避難する。

問11 □

大地震の警戒宣言が発せられたとき、少しでも早く安全な地域へ避難するため、ほかの避難する人に注意しながら車を使用した。

問12 □

原動機付自転車を運転中に大地震が発生したので、道路の左側に停止させ、様子を見た。

解答と解説

問7 ×

やむを得ず一般車両でけん引するときは、けん引する車と故障車の間に安全な間隔（５メートル以内）を保ちながら丈夫なロープなどで確実につなぎ、ロープに白い布（30センチメートル平方以上）を付けなければなりません。

問8 ○

災害対策基本法による通行禁止区域等においては、警察官がその場にいない場合に限り、災害派遣に従事する自衛官や消防吏員が必要な命令を行うことがあります。

問9 ×

車を運転中、大地震が発生した場合は、急ハンドル、急ブレーキをさけるなど、できるだけ安全な方法により道路の左側に停止させます。

問10 ×

運転中に大地震が発生したときは、エンジンキーは抜かずに、ハンドルロックしないで避難します。

問11 ×

大地震の警戒宣言が発せられたときに車を使用して避難すると道路上が混乱し、避難路をふさぎ、車両火災を発生させる危険があります。

問12 ○

停止後は、地震情報などにより、その情報や周囲の状況に応じて行動します。

3-12 事故・故障・災害などのとき

問13 □ 大地震が発生したときは、機動力のある原動機付自転車に乗って避難する。

問14 □ 大規模な災害が発生し、それに伴う交通規制が行われた場合、通行禁止区域内の一般車両は規制が行われている道路外の場所に、移動させなければならない。

問15 □ 運転中に大地震が発生したので、道路上に車を放置して避難した。

問16 □ 地震災害に関する警戒宣言が発令されたとき、強化地域内を通行している一般車両は通行が制限されたり、通行が禁止されることがある。

問17 □ 運転中に大地震の警戒宣言が発せられたときは、地震の発生に備えて地震情報や交通情報を入手し、その情報に応じて行動する。

解答と解説

問13 ×

大地震で避難するときは、自動車や原動機付自転車を使用してはいけません。

問14 ○

交通規制が行われたときは、規制が行われている道路の区間以外の場所に、区域を指定して交通の規制が行われたときは道路外の場所に移動します。

問15 ×

運転中に大地震が発生したときに車を置いて避難する場合は、できるだけ道路外の場所に移動しておきます。やむを得ず道路上に置いて避難するときは、避難する人の通行や災害応急対策の実施の妨げにならないような場所に駐車させます。

問16 ○

警戒宣言が発令された場合、強化地域内での一般車両の通行が禁止され、または制限されることがあります。

問17 ○

地震の発生に備えて、あわてることなく、低速で走行するとともに、地震情報や交通情報を聞き、その情報に応じて行動します。

ひっかけ問題 得点力UP おさらいチェック

学科試験では間違いを誘発するひっかけ問題が出題されますが、ひっかけ問題は多そうに見えてそれほど多くは出題されていません。

規制のある場所を数値や言葉の表現のしかたで表したりするため、正確な数値と表現をしっかりと身につけていないと出題者のワナにはまってしまいます。きちんと理解できていれば合格率はかなりアップします。PART3のひっかけ問題のうち誤った問題については繰り返し行い、問題を理解するようにしましょう。

ひっかけ問題を見破ることにより合格率を一気に高めることができます。

チェックポイント

- □ 距離などの数字の問題に注意する。
- □ 問題中の「絶対」「必ず」といった言葉に注意する。
- □ 問題中の数字の「以下」と「未満」、「以上」と「超える」の違いに要注意。
- □ 似たような問題でも意味が異なる場合があるので注意する。

PART 4
危険予測イラスト問題

◎ 危険予測イラスト問題とは
◎ 厳選　危険予測イラスト問題
◎ イラスト問題・解答と解説

危険予測イラスト問題とは

原付免許の学科試験では、危険を予測した運転に関するイラスト問題が2問出題されます。設問はそれぞれ（1）～（3）まであり、それぞれの正誤を判断。配点は1問2点で、3つの設問すべてに正解しないと得点になりません。また、「正」は1つとは限らず、すべてが「誤」の場合もあります。

出題例

問題　30km/hで進行しています。交差点を直進するとき、どのようなことに注意して運転しますか？

(1) □

(2) □

(3) □

(1)　前車が左折しようとして横断歩道の直前で急停止するかもしれないので、車間距離をつめないようにする。

(2)　前車は左折するため速度を落とすと考えられるので、中央線側に寄って一気に前車の右側を通過する。

(3)　前車で前方の信号機や対向車が見えないため、やや中央線寄りに移動して前方の情報が確認できる走行位置をとり、安全を確認して走行する。

解き方のアドバイス

信号機を確認

信号機と前車の動きを見て、横断歩道の手前で停止するかどうか決める。

前車の進行方向を確認

前車の方向指示器を見て、左折か直進かを確認する。前車が大型車なので車間距離をとる。

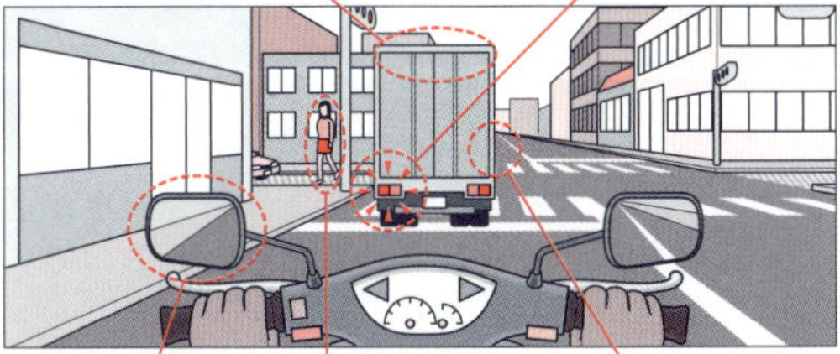

後方車両の確認

サイドミラーや自分の目で後方車両を確認し後続車の動きに注意する。

歩行者の確認

前車が歩行者の存在に気づいて横断歩道の直前で急ブレーキをかけるおそれもある。

対向車の確認

前車のかげに右折しようとする二輪車がいることもある。

チェックポイント

自分が実際に運転しているイメージで危険を考える。

「自分の行動」「他者（車）の行動」「周囲の状況」に気を配る。

イラストに現れていない、見えないところの危険も予想する。

～設問のこの表現には要注意～

「そのままの速度で」……徐行や停止が必要かどうかを問う場合が多い

「すばやく」「急いで」……急ハンドルや急ブレーキの必要性を問う場合が多い

【例題解答】　(1)－○　(2)－×　(3)－○

厳選 危険予測イラスト問題

問1　30km/hで進行しています。どのようなことに注意して運転しますか？

(1) □
(2) □
(3) □

(1)　トラックの後ろにいる人は自分の車が通過するのを待ってくれていると思われるので、加速して急いで進行する。

(2)　道路の左側から荷物を取りに出てくる人がいるかもしれないので、いつでも止まれるような速度でトラックの側方《そくほう》を通過する。

(3)　ホーンを鳴らしてからトラックの横を通過すれば安全である。

問2　30km/hで進行しています。後続車が自車を追《お》い越《こ》そうとしていますが、どのようなことに注意して運転しますか？

(1) □
(2) □
(3) □

●次の問題で正しいものは「○」、誤っているものには「×」と答えなさい。

(1)　対向車が接近しているが、後続車は対向車が来る前に自車を大きく避けて追越《おいこ》しを開始すると思われるので、そのまま進行しても安全である。

(2)　後続車が追越しを始めようとしていると思われるが、対向車が接近してきているので、後続車の迷惑にならないように速度を上げて進行する。

(3)　後続車が追越しを始めようとしていると思われ、後続車が追越しを始めたときは速度を上げずに、左側に寄って進路をゆずるようにする。

問3　30km/hで進行しています。どのようなことに注意して運転しますか？

(1) □

(2) □

(3) □

(1)　人がバスの前を横断するかもしれないので、いつでも停止できるように徐行《じょこう》して、バスの横を通過する。

(2)　対向車があるかどうかがバスのかげでよく分からないため、道路中央に寄って前方の安全を確認してから、中央線をこえて進行する。

(3)　後続の車が自分のバイクを追《お》い越《こ》してバスの横を通過するかもしれないので、急いで中央線をこえてバスの横を通過する。

厳選 危険予測イラスト問題

問4 30km/hで進行しています。どのようなことに注意して運転しますか？

(1) □
(2) □
(3) □

(1) 歩行者は二輪車の接近に気づいていないかもしれないので、速度を落としてその動きに注意して走行する。
(2) こどものそばを通るときは、ふざけて道路中央に飛び出してくると危険なので、徐行《じょこう》して通過する。
(3) 歩行者のそばを通るときには、歩行者に水や泥をはねないように、速度を落として通過する。

問5 夜間、20km/hで進行しています。黄色の点滅《てんめつ》信号をしている交差点を直進するときは、どのようなことに注意して運転しますか？

(1) □
(2) □
(3) □

(1) 右折しようとしている前のトラックのかげから、右折してくる対向車があるかもしれないので、トラックの左側を素早く直進する。
(2) 対向車ばかりか、左右の道路からも交差点に入ってくる車があるかもしれないので、左右や前方の安全を確認してから進行する。
(3) 左側の道路から交差点に入ってくる車は赤の点滅《てんめつ》信号に従えば、一時停止するはずなので、そのまま速度を落とさずに進行する。

問6 30km/hで進行しています。どのようなことに注意して運転しますか？

(1) □
(2) □
(3) □

(1) 歩道上にいる人が手を上げているので、前を走るタクシーが急停止することを考えて、速度を落とす。
(2) 前を走るタクシーは歩道にいる人を乗車させるため左側に寄って停止すると思われるので、そのままの速度でセンターライン寄りを通過する。
(3) 前のタクシーの動きに注意し、ブレーキをかけるときはブレーキを数回に分けて踏むようにする。

問7 右折のため交差点で停止しています。対向車が左折の合図をしながら交差点に近づいてきたとき、どのようなことに注意して運転しますか？

(1) □
(2) □
(3) □

(1) 対向車の後方に他の車が見えなかったので、左折の合図をしている対向車より先に、そのまま右折を始める。
(2) 左折の合図をしている対向車が交差点に接近してきているので、対向車を先に左折させてから安全を確認し、右折する。
(3) 左折する対向車は歩行者が横断しているため、横断歩道の手前で停止すると考えられるので、対向車が横断歩道を通過する前に右折する。

問8 30km/hで進行しています。どのようなことに注意して運転しますか？

(1) □
(2) □
(3) □

(1) 通園バスはまだ発進しないと思うので、対向車線にはみ出して、そのまま通過する。

(2) 大人が一緒にいれば、こどもが飛び出すことはないと思うので、このままの速度で通過する。

(3) 通園バスの前をこどもが横断してくるかもしれないので、ホーンを鳴らして通過する。

問9 **25km/hで交差点に差しかかったとき、信号が青から黄色に変わりました。このとき、どのようなことに注意して運転しますか？**

(1) □

(2) □

(3) □

(1) 停止位置に近づいていて安全に停止できないと思われるので、他の交通に注意して交差点を通過する。

(2) 信号が黄色に変わったのだから停止するのが当然なので、急ブレーキをかけ停止位置を越えても停止する。

(3) 信号が変わった直後なので、加速してそのまま交差点を通過する。

問10 30km/hで進行しています。前方の車がガソリンスタンドに入ろうとしているとき、どのようなことに注意して運転しますか？

(1) □
(2) □
(3) □

(1) 歩道上に歩行者や自転車がいるため、前の車は歩道の手前で停止すると思われるので、速度を落とし対向車線の安全を確認して、右に進路を変更する。
(2) 前の車は歩道の手前で停止すると思われるので、速度を上げて対向車線にはみ出して進行する。
(3) 歩道上の自転車が前の車を避けて車道に出てくることが考えられるので、自転車の動きに注意して、速度を十分に落として進行する。

問11 30km/hで進行しています。どのようなことに注意して運転しますか？

(1) □
(2) □
(3) □

(1) 路面の状態や障害物に注意しながら、速度を十分に落としてから、カーブに入る。
(2) カーブの途中で障害物を発見したときは、傾いている(バンク)状態でも急ブレーキをかける。
(3) カーブの途中で中央線をはみ出さないように、車線の左側に寄って速度を落として進行する。

問12 30km/hで進行しています。どのようなことに注意して運転しますか？

(1) □
(2) □
(3) □

(1) 見通しが悪く、先が急カーブになっていると、曲がり切れずに、ガードレールに接触するおそれがあるので、速度を落として進行する。
(2) 対向車が来る様子がないので、このままの速度でカーブに入り、カーブの後半で一気に加速して進行する。
(3) 対向車が中央線を越えて進行してくることが考えられるので、速度を落として車線の左側に寄って進行する。

問13 夜間、30km/hで進行しています。どのようなことに注意して運転しますか？

(1) □
(2) □
(3) □

(1) 左から来ている車は交差点の手前で一時停止するとは限らないので、すぐに止まれるように速度を落として進行する。
(2) 対向車もないので、横道から出てくる人や車に接近を知らせるためライトを上下に数回切り替え、速度を落として進行する。
(3) 対向車がいないので、道路の中央に寄ってそのまま進行する。

問14 踏切で前の車に続いて止まりました。踏切を通過するとき、どのようなことに注意して運転しますか？

(1) □
(2) □
(3) □

●次の問題で正しいものは「○」、誤っているものには「×」と答えなさい。

(1)　前の車にさえぎられ前方の様子がわからないので、踏切の向こうに自分の原動機付自転車が入れる余地《よち》があるかを確かめてから踏切に入る。

(2)　左側に踏切を渡ろうとしている歩行者がいるが、対向車も来ていたので、歩行者を追《お》い越《こ》して踏切の左寄りを通過する。

(3)　前の車に続いて踏切を通過すれば安全なので、前の車との車間距離をつめ踏切を通過する。

問15　20km/hで進行しています。どのようなことに注意して運転しますか？

(1) □

(2) □

(3) □

(1)　トラックが左折を始めると巻き込まれるおそれがあるので、トラックが左折し終わるまで、この位置で止まって待つ。

(2)　トラックが左折の途中、横断歩道の手前で停止することもあるので、すぐに止まれるように速度を落とし注意して進行する。

(3)　トラックが左折する前に交差点を通過したほうが安全なので、加速して一気に追《お》い抜《ぬ》く。

問16　30km/hで進行しています。どのようなことに注意して運転しますか？

(1) □
(2) □
(3) □

(1)　大型トラックの後ろの車がトラックを追《お》い越《こ》すために中央線を越えてくるかもしれないので、対向車の動きに注意して通行する。

(2)　大型トラックの後ろの車がトラックを追い越すために中央線をはみ出してくるかもしれないので、はみ出してこないように中央線に寄って進行する。

(3)　対向車線の動きに注意するとともに、後続車に注意を促すためブレーキをかけるときは、ブレーキを数回に分けてかけるようにする。

問17　30km/hでいつも通っている道路を進行しています。前方の見通しの悪い交差点を直進するとき、どのようなことに注意して運転しますか？

(1) □
(2) □
(3) □

●次の問題で正しいものは「○」、誤っているものには「×」と答えなさい。

(1) いつも通っている道であり、交通量も少ないので、飛び出しなどに注意しながらそのままの速度で進行する。
(2) 見通しの悪い交差点から自転車や歩行者が飛び出してくることが考えられるので、すぐに停止できるように速度を落として進行する。
(3) 見通しの悪い交差点から車や歩行者が飛び出してくることが考えられるので、道路の中央をそのままの速度で進行する。

問18 **25km/hで進行しています。前のバイクを追《お》い越《こ》そうと思っています。どのようなことに注意して運転しますか？**

(1) □

(2) □

(3) □

(1) 前のバイクを追《お》い越《こ》す前に後ろの四輪車が自分のバイクの追越《おいこ》しを始めないか、バックミラーなどで確認してから追越しをする。
(2) 前のバイクがその前を走っている自転車を追い越すと思われるので、前のバイクが自転車を追い越し終わってから追い越す。
(3) 前のバイクがその前を走っている自転車を追い越す前に追い越したほうが安全と思われるので、なるべく早く追い越す。

問19 道路の前方に四輪車が止まっています。その右側部分に出て通過しなければならないときは、どのようなことに注意して運転しますか？

(1) □
(2) □
(3) □

(1) 対向車が通過する前に加速して通過する。
(2) 通過するとき停止している車との間に安全な間隔をとると中央線をはみ出すおそれがあるので、対向車が通過するまで四輪車の後方で停止して待つ。
(3) 停止している車のドアが開くことが考えられるので、四輪車の手前で大きく右側によけて通過する。

問20 交差点の中をトラックに続いて5km/hで進行しています。右折するときは、どのようなことに注意して運転しますか？

(1) □
(2) □
(3) □

(1) トラックのかげで対向車の状況がわからないので、トラックの右側方《そくほう》に並んで右折する。

(2) トラックのかげで対向車の状況がわからないので、トラックの後方で一時停止してトラックが右折した後、対向車線の交通や歩行者の動きを確かめて右折する。

(3) トラックのかげで対向車の状況がわからないので、右折するときはトラックに続いて急いで進行する。

問21 30km/hで進行しています。どのようなことに注意して運転しますか？

(1) □
(2) □
(3) □

(1) トラックの前方にある横断歩道を横断している歩行者がいるので、横断歩道の手前で一時停止する。

(2) トラックのドアが開いても安全な間隔をあけて、いつでも止まれるような速度で接近し、横断歩道の手前で一時停止する。

(3) トラックの前方にある横断歩道をほかの歩行者が渡り始めているかもしれないので、速度を上げて急いで走行する。

問22 20km/hで進行しています。狭い道路なので行き違いをするときには、どのようなことに注意して運転しますか？

(1) □
(2) □
(3) □

(1) 対向車がよけて停止してくれると思われるので、加速して急いで通過する。

(2) 対向車の後ろの自転車は対向車に合わせて待ってくれると思われるので、対向車との間に安全な間隔を保って通過する。

(3) 停止した対向車の横を自転車が進行してきて、行き違うおそれがあるので、自転車の動きに注意して徐行《じょこう》する。

問23 信号が赤なので交差点の手前で停止していたところ、信号が青に変わりました。このとき、どのようなことに注意して運転しますか？

(1) □
(2) □
(3) □

(1) 信号が青になったので、安心して発進し直進する。

(2) 対向車が右折の合図をしているので、対向車がそのまま発進してこないか、その動きに注意して発進する。

(3) 信号が変わっても横断歩道を渡り切っていない歩行者がいないかなどを確かめてから発進する。

問24　夜間、前方にトラックが止まっている道路を30km/hで進行しています。どのようなことに注意して運転しますか？

(1) □

(2) □

(3) □

(1) 対向車は見えないので、ライトを上向きにして、無灯《とう》火《か》の自転車や歩行者がいるかどうか注意をしながら進行する。

(2) ほかの車のヘッドライトも見えないので、速度を上げて進行する。

(3) 道路にほかの駐車《ちゅうしゃ》車両があることも予測し、反射板の光などに注意して進行する。

問25 15km/hで進行しています。信号が青の交差点で右折するとき、どのようなことに注意して運転しますか？

(1) □
(2) □
(3) □

(1) 対向車が停止してライトをパッシングをしてくれているので、急いで交差点を右折する。
(2) 対向車線に二輪車がいるので、その二輪車が交差点を通過してから、急いで交差点を右折する。
(3) 対向車のかげにいる二輪車の動きと横断中の歩行者の動きに注意して、右折する。

問26 30km/hで進行しています。交差点に近づくと、対向の右折待ちの先頭車があなたの前を横切り始めました。どのようなことに注意して運転しますか？

(1) □
(2) □
(3) □

(1) 右折し始めた先頭の車が通過した後に通過できるように速度を調節する。
(2) 先頭の車に続いて後続の車も右折してくると考えて、すぐに止まれる準備をして進行する。
(3) 直進車が優先なので、ライトをパッシングして加速して進行する。

問27 夜間、30km/hで進行しています。どのようなことに注意して運転しますか？

(1) □
(2) □
(3) □

(1) 横断歩道を横断し始めている歩行者がいるので、横断歩道の手前で停止できるように速度を落とす。
(2) 横断している歩行者がいるので、歩行者がセンターラインを越えてから横断歩道を通過できるように、速度を調節する。
(3) 横断している歩行者がいるので、横断歩道の手前で停止して、ほかに横断する人などがいないかを確認してから発進する。

イラスト問題・解答と解説

問1　(1) ×　(2) ○　(3) ×

・停車《ていしゃ》中のトラックなどが荷物の積卸《つみおろ》しをしている場合には、車のかげから人が出てくることがあるので、注意して進行しなければなりません。
・この場合、トラックの後方で荷物を持っている人のほかにも人がいて出てくることも考えられるので、トラック後方に出る前に安全を確認しなければなりません。

問2　(1) ×　(2) ×　(3) ○

・後続車に必要以上に接近されると、威圧感から無理してでも速度を上げなければならないと考えがちですが、安全の限界を超えた速度で走行すれば自分だけでなく、他の交通にも危険を及ぼしかねません。無理せず、速度を落として左に寄り、後続車に追《お》い越《こ》させるのが安全への第一歩です。
・この場合、後続車に追越《おいこ》しの意思が見えますが、安全を考えると、対向車が接近しており危険なので、対向車が行き過ぎてから進路をゆずるようにします。しかし、後続車が追越しを始めたときは速度を上げず、場合によっては速度を落として追い越させる必要があります。

問3　(1) ○　(2) ○　(3) ×

・停止している車のかげから歩行者が道路を横断してくることがあります。特にバスなど大型車両の側方《そくほう》を通過するときは、そのかげとなる見えない部分に十分に注意します。
・バスの横を通過するときには、対向車線の安全を確認し、歩行者などにも注意して進行する必要があります。
・後続車の動きにも十分注意します。

問4　(1) ○　(2) ○　(3) ○

・雨の日の歩行者は傘で視界をさえぎられたりして、車に対する注意力が散漫になりがちで、車の接近に気づかないことがあります。速度を落とし歩行者の動きに十分注意して走行します。
・雨の日は視界が狭くなりがちで、ふざけて道路中央に飛び出してくるこどもの発見が遅れがちになるので、徐行《じょこう》して通過します。
・歩行者のそばを通るときにぬかるみや水たまりのある場所では、歩行者の動きに注意するとともに、泥水をかけないように速度を落とす必要があります。

イラスト問題・解答と解説

問5　(1) ×　(2) ○　(3) ×

・黄色の点滅《てんめつ》信号の交差点では、左右の道路から車が交差点内に入ってくるばかりか、右折するトラックのかげから対向車が右折してくることもあるので、速度を落とし、左右や前方の安全を確かめます。

・赤の点滅信号を無視して左右の道路から交差点に入ってくる車があるかもしれないので、左右の安全には十分注意します。

問6　(1) ○　(2) ×　(3) ○

・タクシーは客を見つけると、いきなり左側に寄って急停止することがあります。客の乗っていないタクシーの後ろにつくときには、このことを頭に入れておかなければなりません。

・この場合、タクシーは客を乗せるため停止するものと考えて、速度を落とすことが大切です。また、歩道寄りに障害物があると左側に寄らずに停止することもあるので、タクシーの動きを見て停止するか、タクシーの右側を通過するかを、判断しなければなりません。

問7　(1) ✕　(2) ○　(3) ✕

・交差点を右折するときに左折の合図をしている対向車がいるときは、対向車を先に行かせるか、自分の車が先に右折するかを、対向車の交差点までの距離と速度などから判断します。
・対向車が横断歩道の手前で一時停止しようとしているときには、対向車の進路を妨げるような右折はしないようにします。

問8　(1) ✕　(2) ✕　(3) ✕

・通園バスの側方を通過するときは、そのかげから園児が道路を横断しようとして出てくることがあるので、すぐに停止できるような速度に落として進行します。また、通園バスにより対向車の有無が確認できないので注意します。
・この場合、右側にいる歩行者が園児を迎えに来た母親と考えられます。そのため母親の元へ行こうと通園バスの前からこどもが飛び出してきたり、母親がこどもの元に飛び出してくることが予測できます。通園バスと安全な間隔をあけ、いつでも止まれる速度に落として通過します。

問9　(1) ○　(2) ×　(3) ×

・信号が黄色になれば停止するのが原則ですが、安全に停止位置の手前で停止できないときは、他の交通に注意して交差点を通過します。
・黄色の信号に変わったとき、停止するか通過するかの判断は、どの位置に自分の車があれば停止位置の手前で安全に停止できるか、後ろの車との車間距離が安全か、自分の車の速度などを考え合わせたうえで行います。
・後続車が接近しているので、安全に停止できないと判断したときは、他の交通に注意して交差点を通過します。

問10　(1) ○　(2) ×　(3) ○

・前の車が道路外の施設に入るため歩道を横切って左折するようなときには、歩行者などの有無にかかわらず一時停止が義務づけられているので、一時停止すると考えて行動しなければなりません。このため、前の車が停止しても安全なように速度を落とすことが大切です。
・この場合、歩道上に歩行者や自転車がいるので前の車は歩行者などの通過を待つことになります。自車は対向車や後方の安全を確認して前車の右側を進行するか、前車が左折するまで後方で待つようにします。

問11　(1) ○　(2) ×　(3) ○

・見通しの悪いカーブでは、見えないところに駐車《ちゅうしゃ》車両や道路工事などの障害物があったり、対向車が中央線をはみ出してくる場合もあるので、速度を落とした慎重な運転が必要です。また、スピードを出し過ぎると対向車線に飛び出してしまうことがあるので、速度を落としてからカーブに進入するようにします。カーブで車体が傾いている場合のブレーキングは、バランスを崩し、転倒の原因になります。乗車姿勢を正しく保ってブレーキングをします。

問12　(1) ○　(2) ×　(3) ○

・カーブでは車に遠心力が働き外側にすべり出そうとするため、カーブを曲がり切れずにガードレールに接触したり、横転したりすることがあります。カーブの手前では十分速度を落とさなければなりません。
・カーブでは、あらかじめ対向車が来ることを予測しておくとともに、対向車が道路の中央からはみ出してくることがあるため、注意が必要です。また、自分の車も道路の中央から右側へはみ出さないように注意が必要です。

イラスト問題・解答と解説

問13　(1) ○　(2) ○　(3) ×

・夜は昼間に比べて、歩行者やほかの車が見えにくくなりますが、反面、車のヘッドライトによる光の情報を得ることができます。見通しの悪い交差点では光の情報などを見落とさないようにすることが大切です。

・この場合、左から交差点に入ろうとしている車に自車の接近を知らせるため、ライトを上下に数回切り替えるか、点滅《てんめつ》して、万一に備えて速度を落として進行します。

問14　(1) ○　(2) ×　(3) ×

・踏切の先に自分の車の入る余地《よち》があるかどうかを確認してから、踏切に入ります。踏切内で動きがとれなくなると、たいへん危険です。踏切の先に自分の車が入る余地が確認できるまでは、発進せずに待つようにします。

・踏切を通過するとき、あまり左に寄ると落輪するおそれがあり、大事故につながりがちです。対向車や歩行者に注意しながら、やや中央寄りを通行するようにします。

・前の車に続いて踏切を通過するときにも一時停止し、安全を確かめなければなりません。

問15　(1) ○　(2) ○　(3) ×

・車にはバックミラーやサイドミラーでは確認できない死角があります。特に大型車にはその死角部分が多く、その死角部分に入ってしまうと、原動機付自転車の存在が運転者から確認できなくなります。死角に入った状態で、交差点に近づくのは避けましょう。
・この場合、無理にトラックの前方に出るのは危険です。トラックを先に行かせ、トラックの左折を待って、進行するようにします。

問16　(1) ○　(2) ×　(3) ○

・トラックが荷物を積んでいるため、法定速度よりもかなり遅い速度で走行していることがあります。このようなとき、後続車はいらいらして、次々に追越《おいこ》しをすることがあります。
・この場合、トラックで前方が確認しにくいため、中央車線を越えて前方を確認したり、無理に追越しをしてくる場合もあり、中央線に寄るのは危険なので、左側に寄って進行し、対向車の動きに注意して通行するようにします。

イラスト問題・解答と解説

問17　(1) ×　(2) ○　(3) ×

・いつも通っている道であっても、安全確認は必要です。交通量の少ない住宅街では安全確認がおろそかになりがちなので、注意が必要です。常に「安全確認しないで走って来る車がいる」「歩行者や自転車が飛び出してくる」、これらを頭において運転することが大切です。

・見通しの悪い交差点を通行するときには、ただちに停止できるように徐行《じょこう》しなければならないので、速度を落として慎重に道路の左寄りを進行しなければなりません。

問18　(1) ○　(2) ○　(3) ×

・追越《おいこ》しをするときは、後続の車の動き、前を走る自転車やバイクの動きに注意して走行します。

・前のバイクを追《お》い越《こ》そうとしているときに、前のバイクが自転車を追い越そうとして右側に出てくることが考えられ、それを避けるために対向車線にはみ出すおそれがあります。

・追越しは危険を伴う行為なので、慎重に行わなければなりません。

問19　(1) ×　(2) ○　(3) ×

・四輪車の横で対向車と行き違うおそれがあるので、四輪車の後方で一時停止して待つようにします。
・停止している車のそばを通るときには、車の前方から人が出てきたり、ドアが急に開いたり、いきなり停車《ていしゃ》していた車が発進することがあるので、注意して通過します。

問20　(1) ×　(2) ○　(3) ×

・自分の車がトラックのかげに隠れて、対向車や歩行者から認知されていないかもしれませんし、自車からも交差点内の状況や対向車線の交通が確認できません。右折するときはトラックが右折した後に、トラックが横断歩道を通過したか、対向車はいないか、横断歩道を横断する歩行者や自転車などはいないかなど、安全確認してから行います。

イラスト問題・解答と解説

問21　(1) ○　(2) ○　(3) ×

・横断歩道の直前に駐車《ちゅうしゃ》している車がある場合、その車の死角部分に横断している人とは別の人がいるかもしれません。駐車車両の側方《そくほう》を通って前方に出るときには一時停止をし、安全を確認してから進むようにします。

問22　(1) ×　(2) ×　(3) ○

・運転者は「待ってくれる」「止まってくれる」と勝手に考え、自分に都合よく判断してはいけません。
・自転車が進んでくることも十分考えられるので、危険を予測して安全な間隔をとるか、徐行《じょこう》しなければいけません。

問23　(1) ×　(2) ○　(3) ○

・信号が青に変わっても、周りの安全を確認してから発進します。横断歩道を渡り切れなかった歩行者がいたり、信号の変わり目には強引に通行しようとする車、直進車より先に右折してくる車などもいるかもしれません。

問24　(1) ○　(2) ×　(3) ○

・夜間、交通量の少ない道路などでは、暗いところに車が駐車《ちゅうしゃ》していることがあります。対向車がいない場合は、ヘッドライトを上向きに切り替えて、無灯火《とうか》の自転車や歩行者、駐車車両などに注意して慎重に運転します。

問25　(1) ×　(2) ×　(3) ○

・対向車がパッシングして進路をゆずってくれても、安全確認が不十分なまま右折すると、その車のわきから二輪車などが交差点内に進入してくることが考えられるので、対向車線の安全を確認しながら進行することが必要です。いわゆる「サンキュー事故」はこのような状況のときに起こります。進路をゆずってもらったからといって、安全確認を忘れないようにします。
・また、右折方向の歩行者の動きにも注意が必要です。

イラスト問題・解答と解説

問26　(1) ×　(2) ○　(3) ×

・交差点で右折待ちをしている車が数台並んでいるときは、先頭の車が右折を始めるとその車につられて２台目以降の車が右折してくることがあります。あらかじめそのことを予測して、交差点に近づく必要があります。

問27　(1) ○　(2) ×　(3) ○

・歩行者が横断歩道を横断しているので、車は横断歩道の手前で停止し、歩行者の横断を妨げないようにします。また、ライトの照らす範囲外に歩行者などがいるかもしれないので、発進するときは安全を確認する必要があります。

編集協力 ● 有限会社ヴュー企画
本文イラスト ● 荒井孝昌
本文デザイン ● 金親真吾
DTP ● 編集室クルー

大事なとこだけ総まとめ
ポケット版 原付免許試験問題集

著　者／学科試験問題研究所
発行者／永岡純一
発行所／株式会社永岡書店
〒176-8518 東京都練馬区豊玉上1-7-14
☎03-3992-5155（代表）
☎03-3992-7191（編集）
印　刷／誠宏印刷
製　本／ヤマナカ製本

ISBN978-4-522-46146-4 C3065
落丁本・乱丁本はお取り替えいたします。⑦